基金资助：
湖南文理学院白马湖优秀出版物出版资助
湖南文理学院经济与管理学院"湖南省应用经济学应用特色学科"资助

社会转型期我国食品安全问题网格化社会共治研究

曾望军　著

中国农业出版社

北　京

摘　　要

随着公众和社会对食品安全问题的聚焦关注和各级政府部门对这一问题采取的一系列应对措施，我国食品安全问题已经从单一的偶发个案演变成一个社会性的公共问题，并对公众健康、经济发展、社会诚信、政府形象、社会秩序等诸多方面产生了广泛而深刻的影响。尽管学界已经从法律、技术、经济和管理等角度对食品安全问题进行了大量研究，但仅仅从传统单一的视角考察这个复杂的社会问题，还不足以深刻全面把握其内在本质与演化机理，也不利于进一步完善食品安全问题的治理对策。所以，从社会学理论视角考察食品安全问题的社会本质与社会成因以及实施社会控制，采用信息技术理论与方法对食品安全治理开展跨学科交叉研究，不仅可以拓展我们对食品安全问题理论内涵的认知，亦可以为探讨食品安全问题治理提供新的途径。

本课题的主要研究内容除绪论部分以外包括：①本质与成因：食品安全问题的社会学理论图景。从社会问题的基本内涵入手对食品安全问题的社会学属性进行界定，在此基础上分析食品安全问题的社会本质与社会功能，从食品规制失范、饮食文化失调、社会整合失衡等角度分析食品安全问题的社会成因。②越轨与矫正：食品安全问题的社会控制。从对越轨的社会控制以及我国食品安全形势的现状角度分析了食品安全社会控制的逻辑必然。从"自主控制"时期、"行政控制"时期、"多元控制"时期三个阶段阐述了我国食品安全社会控制的历史变迁过程，并对不同时期食品安全社会控制的特点进行了评析；提出了我国食品安全问题的社会控制体系，包括政府、企业、社会组织、消费者等不同社会控制主体，而食品安全问题的社会控制手段应该包含法律、行政、技术等多种方式。③逻辑与走向：社会转型与食品安全问题社会控制。以社会转型期这一特殊社会发展过程为背景，根据社会转型与社会控制之间的内在关系，分析了我国控制体系弱化的原因。由于社会转型导致正式社会控制力量弱化、社会分层与利益分化、道德失范、城乡二元分割等问题，使得我国食品安全社会控制面临巨大挑战。网格化管理理论作为我国社会转型期一种新兴的公共管理理论范式，不仅为我国社会问题治理提供了成功的经验启示，也为食品安全问题社会控制带来了新的机遇。④范式与路径：食品安全问题网格化社会共治模式。因为网格化治理有利于对食品安全进行精确监管、优化食品安全监督管理组织结构、完善食品安全协调治理以及加强对食品安全独立监督，所以实行食品安全问题网格化治理具有实现逻辑。食品安全问题网格化社会控制模式的主要内容包括划分食品安全管理网格、食品安全信息采集、食品安全事件信息管理、建立食品安全网格化管理信息平台。食品安全网格化管理模式的运行流程通过"发现、立案、指挥、结案"四个基本步骤连成一个运行闭环，实现食品安全监管的"无缝链接"。根据不同业务类型和使用对象，网格管理信息系统结构由信息采集与发布功能模块、协调指挥功能模块、风险评估功能模块、经营诚信管理功能模块和智能统计分析功能模块五大主要功能模块组成。⑤协同与保障：食品安全问题网格化社会共治的运行机制。为了保障食品安全问题网格化社会控制体系的有效运行，必须建立协同机制和保障机制，包括政策、人员、经费、技术和安全在内的保障机制。

通过以上方面的研究，我们认为，从性质上来考察，食品安全问题并不是一种纯粹的个体经验,而是一种客观社会现实。更为重要的是,这一客观事实超越了个体利益范畴,给广大消费者的身体健康、公共秩序、经济发展、政府合法性与国家形象等诸多方面造成了严重影响而成为一个"公共麻烦"。这种"公共麻烦"形成的社会根源在于其对社会普遍认可并共同捍卫的主流规范与价值原则的违反与背弃。食品安全问题的存在是对"安全"与"健康"这一社会普遍认同和追求的基本价值规范的违反与背离。所以,食品安全问题实质上是一种越轨现象。社会规范是得到全体社会成员共同认可和承诺遵守的公共意志和行为准则,能对全社会行为起到普遍约束作用。一旦社会规范被破坏或忽视,人类的行为就会失去约束,各种越轨现象就会涌现,社会就会陷入混乱不堪,甚至导致社会崩溃。从这个意义上来说,食品安全规制失范是我国食品安全问题产生的首要原因,包括法制规范失效和道德规制失范。

当前我国的食品安全形势的发展具有如下特点:第一,食品安全事故的地理空间分布广泛,且与经济发展程度正相关;第二,食品安全问题呈跨界、快速传播趋势;第三,食品安全事故在食品链中多点爆发,尤以生产加工领域为甚;第四,食品安全事故的责任主体以小企业和私人小作坊为主;第五,食品安全管理体系"碎片化"比较严重。所以,对食品安全问题实行全面、多样、强制的社会控制是保障消费者身体健康和维护社会秩序和公共安全的必然要求。

新中国成立以来,我国的食品安全社会控制演变历程大致经过了"自主控制""行政控制""多元控制"三个历史阶段。每个阶段的食品安全社会控制模式在控制主体、控制手段、控制效果等方面均呈现不同的特点。这种差异性是由不同历史阶段的食品安全形势所导致的,也是由满足社会对食品安全的不同需要所决定的。食品安全社会控制的主体包括食品生产经营者、政府部门、社会组织、新闻媒体、消费者等。每一种控制主体都应担当相应的责任，发挥着不可替代的作用。食品安全问题的社会控制手段包括法律、行政、道德、习俗、舆论、技术等。每一种方式都有其特定的效能，也有其局限性。单凭任何一种手段都难以完全有效保障食品的安全，必须充分利用各种控制手段，取长补短，协调配合，才能使食品安全控制效应最大化。

我国这场影响深刻的食品安全危机除了由多种因素共同诱发外，也与整个社会处于转型发展的过程之中有着密切关系。一方面，社会转型给食品安全问题治理带来了诸多挑战：如社会转型加速新的社会分层与利益分化，引发食品行业的不正当竞争；正式社会控制体系弱化助长了食品安全问题的滋生；社会道德失范削弱了食品安全社会控制的文化支撑；城乡二元分割的社会结构不利于农村食品安全监管。但同时，这种特定的社会背景也为食品安全问题治理孕育了新的机遇。网格化管理理论正是在这个时期兴起的一种社会公共治理新范式。更为重要的是，网格化管理的理论特质与食品安全问题治理需求之间的逻辑契合使食品安全问题网格化社会共治具有充分的可能性。

所谓食品安全网格化治理，是依据网格化管理的思想，将食品安全监管区域按照既定标准划分成若干网格单元实施全面监管，通过食品安全网格化管理信息系统，实现信息交流，共享组织资源，构建协同合作、广泛参与的运作模式，突破食品安全管理传统模式局限，提高食品安全监管效能。食品安全网格化社会共治模式的主要内容包括：划分食品安全管理网格、食品安全信息采集器、食品安全信息管理、建立网格化管理信息平台等，通过发现举报—受理立案—任务派遣—问题处理—结果反馈—核查结案等环节完成整个食品安全管理业务流程。

食品安全网格化管理信息系统作为食品安全网格化社会共治的核心内容，由食品安全信息采集与发布、食品安全管理协调指挥、食品安全风险评估、食品经营诚信管理、食品安全智能统计分析五大主要功能模块组成，并通过模块完成整个食品安全管理任务。当然，食品安全网格化管理模式还必须通过一系列的保障措施才能有效运行。比如组织、人才、经费等政策保障，技术维护、数据库环境、平台应用运行、数据库存储、网络设备环境等技术保障，以及设备环境安全、网络系统安全等安全保障。

关键词：社会转型；网格化治理；社会共治

目　录

第一章

缘起与思路：绪论

第一节　选题缘起与研究价值

一、选题缘起

2004 年左右，我国各类食品安全问题开始逐步显现，经各类新闻媒体的大量曝光以及社会舆论的推动，引发了全社会的高度关注。政府、企业、消费者、媒体以及各种社会力量纷纷加入这场没有硝烟的战场，全力抗击这场来自"舌尖上的危机"。在危机给社会带来深刻伤害的同时，也换来了全社会对食品安全的日益重视，特别是引起了我国政府对食品安全问题的高度重视，并迅速采取空前严格的措施，全力遏制食品安全危机的蔓延。比如在 2010—2013 年，我国制定公布的各类食品安全国家标准累积达到 303 项①；2010 年国家食品安全管理委员会建制成立；2014 年最新《食品安全法》颁布实施。这些举措都标志着我国食品安全规制建设日臻完善，食品安全监管体制机制不断优化。但十年过后，时至今日，各大新闻媒体特别是中央级媒体对食品安全事件的报道并不如之前那样密集深入，而消费者对相关报道的反应也不像之前那样"谈食色变"。表面的平静给人感觉似乎是食品安全局势已经完全得到控制，食品安全危机俨然已经过去。但事实上，时不时爆出的一个骇人听闻的食品安全事件就能轻而易举地将我们推回到巨大的恐惧与持续的不安当中。这种现实的焦虑感表明，食品安全问题仍然是我国当前社会一个十分重要的公共治理难题，进一步完善食品安全问题治理理念和策略方法仍是我国社会当

---

① 数据来源于《2013 年中国卫生统计年鉴》，http：//www.nhfpc.gov.cn/htmlfiles/zwgkzt/ptjnj/year2013/index2013.html。

前十分迫切的现实需求。

第一，食品安全问题仍是一个亟待深入研究的重要课题。从社会观感来看，相对于前几年的诸如"三聚氰胺"奶粉、"皮革奶"、"瘦肉精"等一些重大、恶性食品安全事件连续爆发而言，当前新闻媒体有关食品安全问题的报道没有那么频繁，似乎社会舆论趋于平静，食品安全形势整体已平稳下来。但这并不能意味着我们已经对食品安全问题形成了全面有效的遏制，我国的食品安全问题已经得到了根本解决。因为事实上，当前我国每年仍常有一些影响恶劣的食品安全事件被揭露，令人触目惊心，不寒而栗。

比如，2014年12月中央电视台记者在江西高安跟踪调查发现，江西省上高县和丰城市长期存在专门从事屠宰和收购病死猪的地下屠宰场，有些病死猪甚至携带 A 类烈性传染病口蹄疫。据初步统计，这些屠宰场每年宰杀约 7 万头病死猪的猪肉销往广东、河南、重庆、安徽、江苏、湖南、山东等省市，年销售额达到 2 000 多万元[1]。此外，据国家卫健委公布的 2010—2017 年《中国卫生统计提要》的相关数据，近 7 年来，我国因食品安全问题引发的中毒事件数量、中毒人数和死亡人数状况并没有出现明显改善，每年因食品安全问题导致的食物中毒人数平均达到 5 000 人以上，如表 1-1 所示。可见，食品安全问题形势整体上仍保持在一种高危态势。

表 1-1　2010—2017 年我国食物中毒情况

年份	报告起数/起	中毒人数/人	死亡人数/人
2010	200	7 383	184
2011	189	8 324	137
2012	174	6 685	146
2013	152	5 559	109
2014	160	5 657	110
2015	169	5 926	121
2017	348	7 389	140

数据来源：国家卫健委网站上的 2010—2017 年《中国卫生统计提要》。

虽然这些事例和数据并不一定能完全准确反映我国食品安全问题的真实状况，但仍值得我们高度警惕。那么，为何历经十年的努力，明令禁止的不安全食品仍能轻易突破层层监管流入到市场公开销售，并被大范围传播？由此可以推论，我国食品安全问题滋生的温床依然存在，食品安全监管体制机制仍有不断完善的较大空间。

在客观现实的倒逼下，食品安全问题研究一度成为我国学术领域研究的重点。理论界围绕我国食品安全问题的现状、特点、成因、治理对策等诸多方面展开了广泛而深入的研究，形成了大量学术成果。而且，这种研究热情并没有随着时间的推移而消退，依然维持在一个较高的水平。借助中国知网数据库，我们以"食品安全"作为篇名关键词进行检索发现，有关食品安全研究文献的发表数量随着食品安全形势的变化而呈现同步变化的趋势。如图 1-1 所示，在 2000—2021 年，有关食品安全研究文献从 2000 年的 335 篇快速增长到 2006 年的 3 884 篇。在 2007 年，学术界发表的有关食品安全的文献呈井喷式增长，达 8 102 篇。这表明，我国食品安全问题形势在逐步加剧，学者们对此的关注在 2007 年达到顶峰。在 2008—2020 年，食品安全相关文献发表量一直维持在 5 000 篇左右的高水平。这表明学术界对食品安全问题一直保持较高程度的关注。

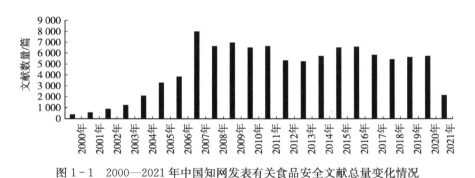

图 1-1 2000—2021 年中国知网发表有关食品安全文献总量变化情况

从 2021 年开始，相关研究文献逐渐减少。这说明，我国食品安全危机得到有效控制，食品安全形势逐渐好转，但仍维持在 3 000 篇左右。尚且不论研究成果的质量高低及专业与否，对一个现实问题的关注时间越长，关注程度越高，则说明该问题仍有较大的研究价值。

即便我们已积累了相当数量的研究成果，但我国学术界对食品安全问题的专门研究还处于起步阶段，远不及欧美国家从 20 世纪中期开始就对食品安全问题进行了深入研究，其研究方法从定性分析拓展到定量研究，研究领域从管理学、法学等学科延伸到经济学、政治学、社会学、心理学等，形成了跨学科交叉研究的纵深格局。相比之下，这不仅是我国食品安全研究的缺陷，更是未来发展的方向。

第二，跨学科研究是推动食品安全问题研究进步的必然选择。通过多年的理论研究与实践探索，我们逐渐认识到，食品安全问题的复杂性已远远超过了我们已有的认知范畴，传统的知识体系似乎不足以完全解释食品安全问题的发生缘由及其演化规律。特别是我们所提出的对食品安全问题的各种治理策略，在应对不断涌现的新的食品安全事故时并不那么奏效。数据统计显示，自 2002 年以来以国家社科基金项目形式立项资助的有关食品安全问题研究课题达 40 项，其中管理学 15 项、法学 12 项、经济学 8 项、社会学 2 项、政治学 2 项、哲学 1 项[①]。如果加上国家自然科学基金管理科学部资助的有关食品安全研究项目，属于管理学科的课题比重则更大。可见，国内学术界对食品安全问题研究的理论依据与分析工具主要来源于管理学、法学和经济学这几个传统知识领域，跨学科甚至学科交叉研究则比较少。这种稍显狭隘的理论视野在一定程度上局限了我们的思维方式和方法路径，从而影响了食品安全问题治理的成效。

纽约大学著名营养学家玛丽恩·内斯特尔在其名著《食品政治》一书中揭露美国食品安全问题的内幕时写道："公众对食品安全事故的广泛关注已成为左右美国政治与公共政策的重要力量。它从来就不仅仅是科学问题，也是政治问题。"这个政治问题包括"联邦食品安全管理机构之间的职权关系；食品企业以损害民众健康和安全为代价的发展；企业将科学视为追求自身利益的合理工具；消费者保护组织提出的食品安全问题；科学家和民众对食品安全的思考方式等主题"[2]。内斯特尔的观点表明，食品安全问题已超越了生产技术和经营管理的边界，成为一个与其他社会主体有着密切关联的公共问题，而这一公共问题的解决亦有赖于社会力量的广泛参与。所以，从不同

---

① 数据来源于全国哲学社会科学规划管理办公室网站，http://www.npopsscn.gov.cn/。

角度审视食品安全问题，能为丰富我们对食品安全问题的理论认知，揭示食品安全问题产生、演变的内在机制提供有益的启示。

突破食品安全问题研究的传统视域展开跨学科交叉研究，不仅是推动理论进步的需要，更是完善食品安全问题治理对策的迫切需要。事实上，我国当前的食品安全问题亦已从偶发个案演变成社会问题，它不仅仅作为一个管理问题、技术问题、经济问题或法律问题而存在，还是一个与各个社会主体有着密切关联的复杂综合体，其产生与演变具有深刻的社会背景与社会根源。因此，将食品安全问题视为一个社会问题则为我们重新审视食品安全问题提供更宏观的研究视野，为我们提出更有效的治理对策开辟新的探索路径。这是本文之所以选择从社会学角度探讨食品安全问题的初衷。

第三，创新管理体制机制是提高食品安全治理效能的必由之路。自我国食品安全事故大范围爆发以来，社会公共安全、经济发展、商业诚信、政府合法性、广大消费者的身心健康均遭到严重影响[3]。为此，从新闻媒体的监督曝光到消费者自觉自主，从企业经营者的自律自为到国家政策法规的完善执行，乃至社会组织的积极参与，各种社会力量都动员起来尝试构建全方位的食品安全保障体系。理论界对我国现行的食品安全监管体制进行了全面反思，分析了现行体制的缺陷和弊端，并提出了各种对策建议。有的介绍国外先进成熟的食品安全监管经验；有的认为要尽快完善食品安全生产经营和管理的法规制度；有的深入阐述了食品安全伦理的重要内涵；有的提出食品安全监管不能只靠政府，要动员社会力量参与；有的提出建立食品安全风险管理机制等。但是，大多数研究将矛头指向我国长期沿用的"分段管理为主，品种管理为辅"的食品安全管理体制。这种体制旨在通过调动农业、工商、卫生、质检、食品药品监管等多部门监管力量，按照部门职责分工分别管理不同环节中的食品安全问题。但在实际运行中却由于职能交叉、职责模糊，部门间相互掣肘、推诿拖延，造成或多头执法或无人监管，部门独立，相互割裂，效率低下等一系列问题。

那么，要破解这个体制难题，特别是在现有政治与行政语境下，必须不断深化对食品安全问题理论内涵的认知，吸收借鉴不同理论成果的优势，进一步完善食品安全监管的组织结构与职能配置，创新食品安全监管体系的运行机制。而要实现机制创新，则需要我们从不同角度考察食品安全问题，找到新的切入点，才有新的突破。正是基于以上认识，本研究尝试借鉴新的理论方法和技术创新食品安全治理模式。

二、研究价值

本书之所以选择以社会转型期我国食品安全问题网格化社会共治研究为主题，旨在从理论与实践两个层面呈现其研究价值。

从理论价值来看，当前学界大多数有关食品安全问题的研究主要是从管理、法律、经济等角度，侧重从食品安全现状、法规制度、问题成因、管理方式、食品安全风险、食品安全伦理等方面展开探讨。本书则主要运用社会学的相关理论考察食品安全问题，确立了新的食品安全问题研究视角，丰富了食品安全问题研究的理论体系。具体表现在以下几个方面。

第一，本书主要运用越轨、社会失范、社会控制等社会学概念和理论探讨了食品安全问题的社会属性、社会本质和社会成因，食品安全问题的社会控制的理论与现实必然，归纳了我国食品安全问题社会控制的历史演变规律与特点等基本问题，从一个新的学理视角审视食品安全问题，有利于进一步丰富和深化我们对食品安全问题的学理认知，从而更全面、深刻地把握食品安全问题的内涵与实质。

第二，本书立足中国社会转型的特定社会背景，揭示了我国食品安全问题形成的社会因素，阐明了我国食品安全问题控制所面临的诸多挑战，提出了强化我国食品安全社会控制效能的途径在于创新食品安全社会控制机制，而网格化治理理论的特点与食品安全问题治理现实需要之间的逻辑互构则为此提供了新的契机。

第三，本书构建了食品安全问题网格化治理模式，创新和丰富了食品安全问题治理理论内涵与方法体系，为食品安全决策提供了新的理论依据。

从实践价值来看，主要表现在以下两个方面。

第一，本书提出的有关食品安全社会学本质、公共属性、社会成因以及社会控制演变历程等理论观点，以及构建的食品安全问题网格化治理的理论模型等原始性学术创新，可为学术界开展相关研究提供有益的借鉴和启示。

第二，本课题研究的最终目标旨在借用现代信息技术中的网格技术理念，构建一个基于对食品安全生产经营活动进行精确监管，促进各监管主体协同合作、有效交流、积极参与的食品安全网格治理模式。这一研究结论可为政府管理部门实施食品安全控制和治理提供决策参考。

第二节　国内外研究现状综述

食品安全问题是一个世界性社会问题，它对人类的生产与生活乃至整个社会发展都带来了严重的负面影响，因而受到世界各国政府和学术界的高度关注，以至于食品安全问题成了国内外学术界研究的一个重要议题。

一、国外食品安全问题研究

20 世纪末，欧美西方国家食品工业获得了迅速发展，极大地丰富了食品市场，但也由此引发了严重的食品安全危机。如 1996 年发生在英国的"疯牛病"事件、1999 年 5 月发生在比利时的"二噁英"污染食品事件、1997 年发生在日本的"O - 157"事件，还有席卷全球的口蹄疫病毒。这些事件引起了国外学界对食品安全问题的急切关注，并由此开始对食品安全问题的成因、食品安全管理体制与方法、消费者行为与心理特征、食品安全风险认知与预警，以及食品安全监管制度等方面展开广泛而深入的研究。

1. 食品安全问题的成因研究

寻找原因是预防和控制食品安全问题的首要工作，所以很多学者从不同学术角度探讨了食品安全问题的成因。有学者认为有关食品的信息是影响食品安全的关键。美国学者 Caswell 等人研究了食品信息的类型与特性，并认为在消费市场机制下，食品安全质量管理政策效能的高低关键取决于合适的信息制度[4]。Hirschauer 等通过道德风险模型对生产者行为风险进行实证分析后认为，不完全信息和不完全的追溯增加了农场主违规的概率[5]。Ortega 等人认为，由于消费者对食品质量的信息掌握不够全面，往往只能在购买或食用后才能对食品质量和安全状况做出判断。所以，食品安全问题常常是由于消费者与供应商之间的信息不对称而造成的[6]。有人则将原因归结为监督不力。Giorgi 等则认为，食品安全问题产生的主要原因还是政府的监管体系失灵[7]。Miljkovic 等则将食品安全问题的原因归结到消费者头上，认为消费者对食物处理不当，对食品相关政策关注不够导致了食品安全问题发生[8]。此外，研究者认为，食品安全问题的产生还受到有其他多种因素的影响。如 Zwart 等认为，食品安全问题在整个食品供应链的所有环节都可能产生[9]。Sweeney 等认为，食物中的各种化学残留物、耐抗生素病菌导致了食品安全问题[10]。

2. 食品安全生产管理手段与方式研究

研究者认为，食品安全问题主要是由于生产监管过程不科学所导致的。国外对食品安全生产管理手段与方式的研究，最具代表性的就是危害分析与关键控制点（HACCP）研究和食品安全追溯系统研究。早在 20 世纪 60 年代，美国就已提出了 HACCP 理论，并开始在食品企业中广泛推行，并探讨了实施 HACCP 所需的社会制度以及政府功能。尽管 Gregory 等多数人认可企业执行 HACCP 体系的积极作用[11]，但也有学者提出不同看法。Roberts 等人认为实施 HACCP 会使企业的成本增加[12]。Taylor 认为，小型企业由于不愿改变现状、缺乏技术以及时间和资金支持，难以实施 HACCP。Ollinger 等通过对肉类工厂和禽肉工厂执行 HACCP 费用的全国性调查后发现，执行 HACCP 监管制度对大型的、产品专业化程度高的企业而言比较有利，而小型的、产品多样化的工厂会因此提高生产成本，所以反而不利[13]。Anders 等也认为，HACCP 的运用对发展中国家有负面影响，而对发达国家具有积极影响[14]。

欧盟国家于 20 世纪 90 年代建立了食品追溯体系，以促使食品供应商提供更加安全的食品。国外对食品可追溯体系问题的研究主要集中在追溯关键技术、食品链内部追溯体系以及食品可追溯的目的、内容及企业成本与收益等方面。Maza 曾深入分析了食品供应链中的食品质量与食品治理结构之间的逻辑关系。Hennessy 等指出，食品产业链中的核心企业通过对食品质量进行刚性约束从而对整个食品链中的食品质量实行有效控制[15]。Souza-Monteiro 等人认为，在公共部门和私人部门推行运用可追溯系统，有利于降低召回不安全食品时的成本。追溯制度通过建立完整的产品信息链，便于追查食品安全事故责任人，从而加强产品的安全和质量控制[16]。当然，也有人对此持不同看法，Resende-filho 等认为，依靠强制性的可追溯制度来进行制裁不但不一定保证食品安全，反而必定增加食品供应商的成本[17]。Beske 等人还研究了食品供应链中的契约协作机制[18]。不论学术观点对 HACCP 与可追溯制度持何种立场，这两种生产管理制度仍然是当前世界各国企业特别是大型企业所普遍采用的重要质量控制手段，对现代大规模工业时代的食品安全控制仍是十分重要且有效的。

3. 食品安全风险研究

防患于未然，通过对食物供应链中各个环节产生危害的可能因素进行预先评估和判断，并进行提前干预是食品安全管理的重要方式。所以，食品安全风险分析是近年来国外研究关注的重点。Mahon 等研究认为，消费者的风险认知包括身体风险、心理风险和性能风险三个方面[19]。Mitchell 等则认为消费者的风险认知有性能风险、社会风险、金钱风险、健康风险四个维度[20]。Hornibrook 等则认为消费者的风险认知维度包括身体风险、心理风险、时间风险、金钱风险以及性能风险五个方面[21]。此外，Renn 则认为性别和年龄也对食品安全风险认知有一定的影响[22]。不管消费者对风险的认知有多少个维度，都说明一个事实，那就是消费者的风险认知受到多种因素的影响。而消费者或整个社会的食品安全风险认知能力和水平将直接影响到其对降低风险、抵御风险和化解风险的能力和成效，所以，食品安全风险研究为我们提供了一种不同的研究窗口和视角。

4. 食品安全的利益相关者研究

食品安全从来都不只是食品生产部门或生产者的责任，食品生产是一个关联广泛的利益网络链条，链条中的每一个相关者都是既得利益者同时又是安全责任人。国外学者们围绕与食品安全的利益相关主体在食品安全问题形成过程中所起到的作用进行了广泛的研究。Shavell 认为，企业对安全产品的供给动机会受到其规模大小、组织结构及其市场状况的影响[23]。这是因为企业对其生产的产品质量的控制能力、产成品的鉴别能力以及对市场的垄断或控制能力等都在一定程度上依赖于企业的规模。Tompkin R. B. 认为，虽然确保食品安全是世界所有政府和企业的共同目标，但是企业则可以通过实施相关食品产品安全政策及程序达到确保食品安全的目的，所以企业担负着保证食品安全的主要责任[24]。Swinnen J. F. M. 阐述了安全食品与新闻媒体和信息市场之间的相互关系[25]；Annandale 等认为企业对安全产品的供给受企业管理、战略的影响[26]。英国学者 Yapp & Fairman 认为，要加大企业对食品安全的理解、激励和信任，以此促使食品企业改变对待食品安全的行为和态度[27]。

国外食品安全研究全面深入，有力地推动了食品安全立法、标准、方法的发展以及食品安全管理科学体系的建立，使欧美等发达国家的食品安全监管体系成为世界食品安全管理的典范和标杆，也为我国开展食品安全研究提供了有益的经验借鉴。

二、国内食品安全问题研究

我国食品安全问题研究兴起于 21 世纪初，起步较晚，基础较为薄弱。近年来，由于我国食品安全问题日益突出，社会影响日益严峻，在引起社会、政府的广泛关注后，学术界开始从各个学科和角度对食品安全问题展开研究，逐渐形成了一系列基础性研究成果。围绕食品安全问题治理，国内学者从多个方面展开了研究。

1. 食品安全规制研究

由于我国社会政治经济体制的特殊性，尤其是新中国成立后一段较长的时间内整个社会物资匮乏，食品生产经营比较落后，尤其是计划经济体制对食品生产经营进行集中管理，因而食品安全问题相对较少。直到改革开放后推行市场经济体制，食品市场化生产流通才开始形成，各种食品安全的法律标准、政策制度才开始慢慢建立，但发展较慢，因而对食品生产经营的约束也比较乏力，给一些不法分子以可乘之机。所以，建立完善的食品安全规制体系成为首要的研究重点。

王靖等认为，我国的食品安全事故之所以频频发生，主要原因是食品安全标准的缺失、混乱、滞后[28]。因此，构建科学合理的食品安全标准体系已刻不容缓。刘任重认为我国食品安全规制建设的基础性法律规范制定、安全标准的科学性与体系化、行政管理体制等方面还存在诸多问题，建立健全食品安全标准体系、管理体制、风险分析制度和法律体系是我国食品安全规制建设的重点[29]。刘焯认为我国当前食品安全立法过多可能无意中造成法律过于繁复和法律之间的相互冲突，存在立法产品不科学、明显滞后、质量低劣等法律本身失灵的可能，严刑峻法既可能造成罚不胜罚的结果，以科技成果为依据的食品安全立法事与愿违，等等原因使得单一的"法治化"路径难以达到食品安全的预期目标[30]。而于曜认为厘清食品安全消费警示行为相关的法律问题并加以规制，对于保障公众健康、监督行政主体依法行政具有重要意义[31]。张婷婷认为食品安全规制政策的选择是消费者、农户、食品制造商、食品零售商、政府、纳税人等利益集团博弈的结果[32]。戚建刚认为我国传统自上而下的食品安全规制模式面临挑战，必须建立相互合作的新的规制模式[33]。

2. 食品安全监管与治理模式研究

与食品法制体系紧密相关的另一个体制问题是，我国传统食品安全管理体制效能不高，因此许多学者把创新管理体制机制作为研究重点，并提出了多种创新思路。王虎等认为我国现行食品安全治理主流范式面临着逻辑性、主导性、主体性危机，要构建市场、政府、第三部门、法庭与私人多元参与的合作化治理模式[34]。谭德凡提出构建以企业自律、政府监管、社会监督的综合性监管模式[35]。张肇中等认为要构建集中统一的食品安全监管大部体制[36]。韩丹提出要促进社会组织的发育，在国家主导和市场自律两大模式之外打通食品安全治理的"第三条道路"[37]。陈彦丽等提出要加强国家、市场与消费者对食品安全的协同治理[38]。张志勋等人提出我国应加强监管机构、治理主体和食品安全信息等方面的整合，提出食品安全整体性治理思想[39]。毫无疑问，这些体制机制、模式创新研究是我们这个食品消费大国的安全管理走向现代化、科学化的必由之路，不同的食品安全问题治理体制机制、模式范式的探讨和创新都意味着我们对这一复杂社会问题的认知更进一步，值得用实践去检验，并在实践中不断完善发展。

3. 食品安全风险管理研究

凡事预则立，不预则废。食品安全管理最重要的是风险预防。风险认知理论由 Bauer 于 1967 年提出，他认为消费者对风险的认知而非风险本身决定了消费者的行为。该理论最早广泛运用于市场营销领域，近些年来被运用到食品安全方面的研究。食品安全风险认知是人们对食品安全风险在主观上的知觉、判断和体验，包括食品本身的风险，也指消费者对食品生产经验风险的认知。所以，学者们一致认为，建立健全食品安全风险管理体系是实现食品安全的重要保障。

王小强等通过设计食品安全风险评估模型所确定的右分位点，能有效地反映当前食品卫生安全状况[40]。黄晓娟等从基础项目指标、食品合格状态指标、食品整体状态指标三个层次构建了食品安全风险预警指标体系[41]。薛茂云从法律保证、标准实施、检验护航、防范准备、应对迅速五个方面论述了我国食品安全防范机制[42]。袁宗辉提出，我国应重视食品安全风险分析，通过借鉴国际先进经验，建立专门的风险评估机构，培养专业人才，完善风险交流机制，提高风险管理水平[43]。王传干提出我国食品安全管理要从危害治理转向风险预防[44]。王小龙研究了食品安全风险沟通机制的类型，并提出了相关建议[45]。张红霞等通过对食品供应链中各种风险因素的风险等级进行综合评估，提出建立我国食品安全风险管理、风险沟通、风险评估等机制[46]。

4. 食品安全伦理研究

从根本上而言，食品安全问题关系到人类生存、生命权利以及价值尊严，影响到社会和谐、公平正义以及代际关系传承乃至人类未来发展等一系列重大基本伦理命题。食品安全伦理主要从伦理学视角对食品生产流通各个环节进行伦理审视和道德批判，为捍卫食品安全提供价值立场、道德标准和理论策略。所以，建设食品安全伦理是构筑维护食品安全的道德底线。杨光飞认为，必须通过完善经济伦理和相关制度与市场实践的衔接重塑经济伦理[47]。唐凯麟从现状、范围、任务等方面阐述了食品安全伦理对保障公共健康、维护社会经济秩序、增强执政的合法性、拓展应用伦理学研究领域的重大作用[48]。王伟认为，建立健全食品安全道德考评机制、奖惩机制、监督机制、诚信机制、宣教机制是推动中国食品安全伦理秩序生成的应然路径[49]。韩作珍提出，通过加强企业的自律与诚信建设、政府行政伦理建设、科技人员的道德责任意识、新闻媒体的道德责任精神、消费者的道德主体意识等途径加强食品伦理道德体系建设[50]。

尽管人们认为，食品安全问题是一个重要的社会问题，但奇怪的是，鲜有学者从社会学角度进行深入研究。贾玉娇从风险社会理论角度分析了食品安全问题的形成根源[51]。卢文娟认为社会控制减弱是食品安全问题频发的一个重要社会因素，因而需要新的社会控制手段来控制食品安全形势[52]。李景山等则用社会失范理论解释了食品安全问题产生的原因，并从重建共同信仰及完善法制两个方面给出了解决对策[53]。其他类似的研究只是从广义社会学层面做了浅略分析，并没有真正遵循社会学理论的思维逻辑进行系统而深入探讨。所以，学界对食品安全问题的社会学关注整体上薄弱。

三、研究评述

综上所述，食品安全问题研究是受到国内外广泛关注的重大理论与现实问题。国外学者研究的理论成果和实践经验已经走在前列，为我国食品安全问题研究和实践提供了颇有价值的借鉴和参考。当然，西方国家的食品安全问题研究是形成于其法治相对健全、市场规则相对成熟以及政治和行政体制相对独特这一宏观社会背景之下，是无法复制的前提条件。因此，我国在借鉴和引用其研究成果时应注意区分把握。近年来，国内学者对我国食品安全问题展开了大量研究，形成了一系列有价值的研究成果，对推动我国食品安全问题理论发展和实践指导发挥了积极作用，但还处于起步阶段。我们对食品安全这一新兴社会现象的认识并不够深刻和全面，制定的食品安全问题治理对策还不够科学合理，仍需要进一步探讨和研究。总的来看，国内相关研究主要存在以下两个方面的不足。

第一，跨学科交叉研究不够，研究视野需要进一步拓宽。纵观国内学者对食品安全问题研究成果，大多数集中在管理学、法学、经济学、伦理学等学科领域中寻找理论工具来分析、解释或解决食品安全问题，从其他学科甚至跨学科交叉进行研究的较少，特别是对这一显性社会问题进行应有的社会学研究更为鲜见。这不能不说是我国相关研究的一个明显不足。正是这一不足在较大程度上局限了我们对食品安全问题的考察视野，不利于形成更为系统深入的客观认识。

第二，对策研究可操作性不强，研究方法有待进一步创新。针对食品安全问题治理对策的研究，学界大多从规制建设、理论模式等层面进行宏观设计，而具有操作性和时效性强的治理方法、手段等的探讨则相对欠缺，往往使研究呈现千篇一律和理论正确但无从下手的境地。而现代信息技术方法在食品安全问题治理中应用的研究更是不足，本课题则尝试以此为研究的突破口。

以上两个方面既反映了我们对食品安全问题研究的不足，也意味着我们找到了努力的方向。本书正是在以上两个认识的基础上展开的。

第三节　研究思路与研究内容

一、研究思路

本书围绕研究主题，依循食品安全问题何以成为一个社会问题，它是一个怎样的社会问题，它是如何成为一个重要的社会问题，最后如何解决这一社会问题，这一基本逻辑思路展开探寻和解答。

为此，全书按照"启""承""转""合"的逻辑结构建构全文的框架。所谓"启"，即通过揭示食品安全问题研究选题的缘起开始进入论题，包括阐明选择研究主题的现实和学理因素，综述国内外研究现状，提出研究思路、研究内容和研究方法；"承"，即主要通过从本质与原因两个角度描述食品安全问题的社会学理论图景，进而提出食品安全问题的社会控制的基本思想，从而构建本研究的全部理论基础，并为后续研究提供延展理论脉络；"转"，即立足社会转型期这一特定的社会背景，深入考察食品安全问题面临的各种挑战与机遇，为进一步探讨解决核心问题的对策思考提供桥梁；"合"，即文章最后提出了食品安全问题的网格化社会治理模式，成为全文的落脚点，也完成了所有理论探讨的价值使命。五个部分建构整个研究的基本框架，具体研究思路如图1-2所示。

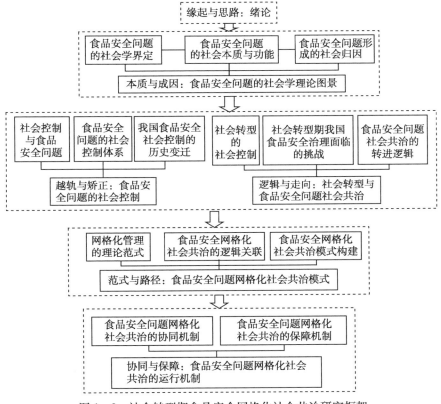

图1-2 社会转型期食品安全网格化社会共治研究框架

二、研究内容

围绕研究主题，全文研究内容共分为六个部分。

第一部分，缘起与思路：绪论。这部分主要解释食品安全问题研究选题的缘由，综合评述国内外食品安全问题研究的相关成果，介绍本书的研究思路、内容以及研究方法与创新，以此作为全书的铺垫。

第二部分，本质与成因：食品安全问题的社会学理论图景。这部分内容主要通过运用社会学基本概念和理论深入分析食品安全问题的社会属性、社会本质与社会功能，全面解读食品安全问题的社会学理论内涵。这部分内容构成了整个研究框架的理论基础，是进行后续研究的逻辑起点，也是贯穿全文的逻辑线索。

第三部分，越轨与矫正：食品安全问题的社会控制。这部分主要研究对食品安全问题进行社会控制的必然逻辑，分析食品安全问题的社会控制体系，并具体阐述我国食品安全社会控制的历史变迁。这部分是对第二部分研究的逻辑引申。因为社会中既然存在食品安全问题这种越轨现象，社会管理者就必然会对其进行社会控制。

第四部分，逻辑与走向：社会转型与食品安全问题社会共治。主要研究了社会转型与社会控制的关系，在此基础上分析了我国食品安全问题面临的挑战。通过在我国社会转型这一特定的社会背景下考察食品安全问题，进一步拓宽分析视野，明晰食品安全问题治理中遇到的社会障碍，并从中寻找新的食品安全问题治理应对策略。

第五部分，范式与路径：食品安全问题网格化社会共治模式。这部分通过引进社会转型期新兴的社会治理机制——网格化管理的理论范式，进一步阐明网格化管理理论与解决食品安全问题之间的逻辑关联，构建食品安全问题网格化社会共治模式，成为全文的研究落脚点与逻辑终点。

第六部分，协同与保障：食品安全问题网格化社会共治的运行机制。这个部分重点研究了食品安全问题网格化社会共治的协同机制和保障机制。

第四节　研究方法与研究创新

一、研究方法

本书主要采用定性研究的研究方法，其中包括文献研究法、案例分析法、比较分析法、模型构建法等。同时在个别地方也采用到了定量分析，如数据统计与分析。

1. 文献研究法

本方法主要是在对大量已有研究文献资料进行总结归纳与综合分析的基础上展开。因此文献研究法是本研究的主要方法，具体是通过

Springer、中国知网、万方数据库、百度学术等搜索引擎，以及相关政府与专业门户网站，对国内外与食品安全、越轨、社会控制、网格化管理相关的文献资料进行收集，通过阅读整理和归纳总结，对相关概念和理论依据进行分析界定，进而形成对食品安全社会学内涵、食品安全问题社会控制以及食品安全网格化治理的研究观点。

2. 案例分析法

网格化治理作为当下我国公共管理领域新兴的一种管理方式，为提高社会公共事务管理效率提供了新的方法和机制。为了呈现网格化治理在社会公共事务管理中的实践效用，本书对我国现行几种主要的城市和社会网格化管理模式的具体案例进行描述和分析，比如北京东城区、湖北武汉、浙江舟山、湖北宜昌等地的城市和社会网格化管理模式，以实证网格化管理的合理性与可实现性。

3. 比较分析法

为呈现新中国成立以来食品安全社会控制的演变过程，本书对不同历史时期我国所实施的食品安全社会控制措施，分三个阶段进行纵向比较，对不同历史阶段食品安全社会控制的方式、特点以及必要性进行综合评析。

4. 模型构建法

为展现食品安全问题治理的整体思路与具体方案对策，本书构建了两个理论模型：一是食品安全网格化治理的理论模型，二是食品安全网格化治理信息系统的结构模型。

二、研究创新

本书力图从以下三个方面进行新的尝试和努力。

1. 开拓新的研究视角

本书首次从社会学理论视角对食品安全问题进行深入研究。尽管目前已有少量相关研究成果，但均只是简单借用个别社会学概念，从较为单一的角度对食品安全问题进行初步讨论，但并未深入展开系统论证。本书从食品安全问题的社会属性探讨入手，分析了食品安全问题的社会学本质与成因，分析我国食品安全社会控制的必要性与历史变迁，探讨社会转型期我国食品安全社会控制所面临的挑战以及可能的机遇。这种全新的研究视角拓展了食品安全问题研究的领域，丰富了食品安全问题的理论内涵。

2. 提出新的研究观点

本研究认为，食品安全问题的社会本质是一种社会越轨。食品安全社会规制失范、食品文化目标与实现手段之间的结构失衡是导致食品安全问题发生的社会根源。构建完善的食品安全控制体系是保障食品安全、维护社会秩序的必然要求。我国社会转型发展的特定社会背景不仅削弱了传统的食品安全社会控制效能，也给新的社会控制机制的形成带来了机遇和条件。网格化管理作为社会转型中新兴的技术产物，为食品安全问题治理提供了新的理念和方法。

3. 提出新的解决策略

区别于常规的通过完善法律规制、加强政府监管、调整组织结构来解决食品安全问题的策略途径，本书借用网格化管理方法，构建食品安全网格化管理模式，以其独特的资源整合、全面覆盖、精细管理、独立监督、快速互动的管理机制，为化解传统食品安全问题管理"碎片化""低效率""难预防""参与率低"等难题提供了新的途径，丰富了食品安全管理的研究方法。

第二章

本质与成因：食品安全问题的社会学理论图景

经过累积发酵，我国的食品安全问题已从单纯的偶发个案与个体行为演变成为影响广泛而深刻的重大社会性公共问题。食品生产经营活动中的种种越轨行为给社会成员的身体健康、社会生产的正常进行、社会秩序的稳定运行，乃至社会道德诚信的维系都产生了严重影响。那么，对于一个显性的社会问题，如何在社会学语境中解读食品安全问题的本质与内涵、成因与功能，应该是一种学术探索的理论自觉。这种自主的学术探索有助于我们从新的视角剖析食品安全问题的深层内涵，从而丰富食品安全问题的理论维度。

第一节　食品安全问题的社会学界定

按照社会学研究的一般规律，对一个社会问题的研究首先应从该问题本身的属性归属开始研究。也就是说，当一个问题在尚未成为一个社会问题之前，它不具备展开社会学研究的基本前提。诚然，对食品安全问题开展社会学的考察，也得从遵循这一逻辑顺序，即从确认它本身是一个社会问题开始。接下来，我们了解一下什么是社会问题。

一、社会问题的基本内涵

社会问题是社会学领域的一个重要主题，它是一种由于社会关系失调，从而影响大部分社会成员生活，破坏正常社会活动，妨碍社会协调发展的社会现象。社会问题研究的主要内容包括社会问题的定性、存在原因与构成条件，解决社会问题的办法与措施等。社会问题研究的根本目的是引导人们以科学的历史观看待社会现实和社会发展，通过了解社会结构、社会制度、社会运行机制以及各种社会现象，从而把握社会变化规律，确立正确的社会观念和行为方式，推动社会进步。

至于如何定义社会问题，社会学家们从不同角度给出了多种解释。查尔斯·汉德森与萨缪尔·史密斯认为，社会问题是由于人类某种生理因素所导致的行为现象。社会学家库利和托马斯则把社会问题视为是社会变迁导致的社会失控现象。默顿认为，当社会行为偏离社会文化目标及制度化手段，或者是当社会期待与社会现实之间存在差距时就会出现社会问题。福勒把社会问题看成是价值矛盾和冲突造就的社会后果。霍华德·贝克尔则认为是社会群体标定了哪些人的行为属于违反规则的行为，所以是社会群体导致了社会问题[54]。美国社会学家米尔斯则给出一个简明的定义，社会问题就是公众问题，也就是说它不是个人问题而是社会中许多人遇到的公共麻烦。对于这些不同的定义，不管是基于功能主义、冲突论，抑或互动论的理论取向，还是存在主观主义和客观主义的分歧，说明社会问题的界定受到社会发展水平、价值文化观念、学者本人的学术偏好等因素的影响。而根据社会学界的基本认同，界定一个问题是否为社会问题，需要符合以下五个基本条件：①必须要有客观的事实依据；②必须是影响相当数量人的公共麻烦；③违背主流价值观和社会规范；④其产生与人的道德选择有关；⑤解决社会问题必须借助社会力量，采取社会行动加以解决[55]。当然，即便一个社会现象具备了以上条件，也不会自动成为一个社会问题，要从一般事件上升为社会问题，还需要经过一个对此达成社会共识的过程。这个过程包括以下几个环节：①一定的利益集体由于某一社会问题使利益受到损害而表达强烈不满；②社会敏感群体对这一社会问题的关注而形成共识；③社会舆论以及大众传媒的宣扬和推动；④社会公众对社会问题的普遍认识和接受；⑤政治权力集体通过政治程序对社会问题的确认；⑥权力集体提出解决问题的议事日程。可见，社会问题的生成是社会性过程，不能由个人或少数人决定，社会问题的后果也是社会性的，社会问题也绝不是个别人或少数人能够解决的，只有动员相当多的人甚至全社会采取社会行动才能解决[56]。

二、食品安全问题的社会属性

食品安全问题是不是一个社会问题，似乎是一个不证自明的命题。因为现实中所发生的大量食品安全事件给社会个体的生活带来了强烈冲击，给社会生产造成了严重影响。若从学理依据考量，食品安全问题也具备了成为社会问题的基本构成要件。

1. 食品安全问题的存在具有充足的客观依据

所谓客观依据，是指社会生活中客观存在某种社会问题的事实，它不是由人们主观想象的，而且它必定表现为某种具体的现象、事件或行为。例如，2011 年 4 月 28 日，国家统计局公布的第六次全国人口普查数据显示，中国 60 岁及以上人口占 13.26％，比 2000 年上升 2.93 个百分点，其中 65 岁及以上人口占 8.87％，比 2000 年人口普查上升 1.91 个百分点[57]。人口老龄化不仅会严重削弱劳动力供应、对消费需求和消费结构产生巨大影响，也会加重劳动人口供养退休人口的平均负担，甚至导致家庭结构发生重大改变。因此，人口老龄化成为一个重要的社会问题。据中央纪委、监察部通报，2013 年全国各级纪检监察部门共接受各种违法违纪信访举报 1 950 374 件次，立案 172 532 件，处分 182 038 人。2013 年全国纪检监察机关立案件数、结案件数和党纪政纪处分的人数，分别比 2012 年同期增长了 11.2％、12.7％和 13.3％[58]。公职人员的腐败现象严重地损害了党和国家的形象，对社会稳定、国家治理构成巨大危险，对社会风气和道德观念造成极大的侵蚀，贪污腐败现象已经成为我国一个突出的社会问题。一般而言，社会问题是一种消极性的社会事实，对社会生产、社会秩序和个人生活产生诸多负面影响。尽管人们不愿意看到这些现象，但它们确实客观存在。

随着现代食品工业的飞速发展，食品安全问题在世界各地不断发生，并演变成为世界性的社会问题，如"疯牛病"事件、"二噁英"事件影响到整个欧洲。我国各种食品安全事件也不断爆发，如 2004 年的阜阳"劣质奶粉"事件，2005 年的上海"染色馒头"事件，2006 年的北京"福寿螺致病"事件，河北"苏丹红"鸭蛋事件，2007 年的"问题水饺"事件，2008 年的"三聚氰胺婴幼儿奶粉"事件，2010 年的"地沟油"事件，2011 年的双汇"瘦肉精"事件、"毒生姜"事件、"塑化剂"事件，2012 年的"皮革奶"事件、"毒胶囊"事件，2013 年的"镉大米"事件等。这些都是具体的食品安全事件和行为。这些事件经电视、网络、报纸等各种媒体曝光后，在全社会迅速传播，引起了全社会广泛关注。特别是一些重大食品安全事件，给人民身体健康乃至整个社会的生产和生活带来了严重影响。2007 年，《生命时报》与专业调查公司合作，对北京、上海、广州、重庆、武汉 5 大城市的 1 367 位市民进行了民意调研。调查结果显示，62.1％的市民认为食品安全对自身的健康威胁最大。当某个品牌食品出现安全问题时，54.5％的受访者表示坚决不再购买，有 43.3％的人打算在问题解决以后再购买，只有 12％的人会继续购买[59]。

事实和数据充分说明，食品安全问题确确实实存在于我们的生活之中，而且每个人都可能遇到，民众也已经认识到了这个问题所带来的真实危害。尽管人们对不安全食品避之不谈，但他们却真实地存在，而我们也不得不面对这些现象。

2. 食品安全问题是影响相当数量人的公共麻烦

1959 年 C. W. 米尔斯在其名著《社会学的想象力》提出，社会问题是"社会结构中的公共议题"而非"环境中的个人麻烦"[60]。"个人麻烦"（private troubles）产生于个人有限生活领域内，属于个人的私事，需通过个人的行动来解决。"公共问题"往往是由于社会结构失调、社会行为失范或者社会运行失控而导致的，是多种社会因素共同作用的结果。公共问题对社会生活带来的巨大影响，需要通过广大社会成员的共同努力解决，因而具有明显的公共特性。在这一点上，他与涂尔干所说的"社会事实无论是行为还是思维方式，都独立于个人意识，并且对个人施以一种强制性的影响"在旨趣上达成了高度一致[61]。可见，社会问题肯定是一个公共议题。它反映的是大多数人的诉求，涉及大多数人的利益。食品安全问题也是这样一种典型的公共麻烦，它给整个社会多个方面带来广泛而深刻的影响。就"三鹿奶粉"事件的影响而言，无论是身体健康受到损害的儿童，生产就业受到冲击的企业和人员，还是遭到问责处理的行政官员，所受到影响已远远超过了一般事件，而成为一个公共麻烦。

"三鹿奶粉"事件爆发后，截至 2008 年 9 月 21 日，因食用该类品牌奶粉而接受门诊治疗且已康复的婴幼儿累计达到 39 965 人，正在住院的有 12 892 人，死亡 4 人。至 9 月 25 日，香港有 5 人、澳门有 1 人确诊患病。事件对整个奶粉行业都产生了重大影响。国家质检总局对市场上所有婴幼儿奶粉进行全面检验检查发现，除了河北三鹿外，还包括蒙牛、雅士利、伊利、光明、南山以及圣元等 22 家婴幼儿奶粉品牌生产企业的 69 批次产品检出了三聚氰胺成分超标。据初步统计，受此事件影响，事发 3 日之内，河北全省损失生鲜奶 5 936 吨，除少量被贱卖外，绝大多数鲜奶不得不被倒掉。随着事件的发酵，包括加拿大、英国、意大利、欧盟、法国、俄罗斯、日本、马来西亚等近 30 个国家和地区开始部分甚至全面禁止从中国进口或销售奶制品及相关产品。

事后，一系列相关责任人被追责处理。三鹿集团董事长、总经理田文华被免职，石家庄市副市长张发旺、市长冀纯堂、市委书记吴显国也相继被撤职，国家质检总局局长李长江也不得不引咎辞职。

3. 食品安全问题违背了社会主导社会规范和价值原则

社会问题虽然是一种具体的客观事实，但也包含着社会成员对这一客观事实的主观认知和判断。也就是说当绝大多数社会成员认为某种客观存在的"公共麻烦"违背了主流价值观念和主导社会规范时，它便被定义为社会问题。也就是说，某种现象或行为即便是因为某一个人或某个群体不能被接受或者被强烈反对，也不能被认为是社会问题。因为某些个人或群体的态度和观点并不代表社会主流的价值观和被普遍接受的社会规范。只有当某个问题或现象与社会主流价值观和普遍遵循的社会规范相抵触时，它才会引起社会的共同关注，并聚合社会力量来解决。很显然，食品安全问题给消费者身体带来的伤害，给经济发展、社会道德乃至整个社会秩序与运行所产生的负面影响，是对社会主流价值和社会规范的践踏与破坏，是不可能被社会所接受和容忍的。

第一，从消费者角度来看，享用安全、健康的食品是所有消费者的共同追求和普遍权益，不是少数人的偏好与特权，这是已经得到世界认同的共同价值目标。1974 年，联合国粮农组织把食品安全定义为"任何人在任何情况下维持生命健康所必需的足够食物"。1984 年世界卫生组织在其公布的《食品安全在卫生和发展中的作用》一文中规定，食品安全即"生产、加工、储存、分配和制作食品过程中确保食品安全可靠，有益于健康并且适合人类消费的种种必要条件和措施"。1996年世界卫生组织进一步将食品安全定义为"对食品按其原定用途进行制作、食用时不会使消费者健康受到损害的一种担保"。我国的《食品安全法》也明确规定，食品安全是指食品无毒、无害，符合应当有的营养要求，对人体健康不造成任何急性、亚急性或者慢性危害。由此可见，无论是消费者个人还是国家或国际组织都将保障食品安全作为维护与促进人类身体健康的重要主题。不安全食品则是对所有消费者健康与安全的威胁与损害，因此受到全社会的抨击和法律的制裁。

第二，从生产经营者来看，守法、负责、诚信是食品生产经营活动必须遵守的行为准则和道德规范。法律、规章和制度是一个社会最基本、效应范围最广的社会规范体系。世界各国、各级政府对从事食品生产经营活动都有严格和明确的法律规定。失去了这些规范和准则整个市场就会充斥着假冒伪劣食品，消费者身体就会受到严重损害，经济秩序就会混乱不堪，社会就会陷入动荡不安的局面。美国早在100年前就已颁布执行了《联邦肉类检验法》，后又陆续制定了《联邦食品、药物和化妆品法》《食品质量保护法》《禽产品检验法》《蛋类产品检验法》等一系列涉及范围广、类型多的食品安全法律法规和政策制度，构建了一个十分严密规范的食品安全规制体系。英国政府制定的仅与食品安全有关的沙门氏菌的法律就有10多部。2002年欧盟在其《通用食品法》中严格规定了饲料和食品在"从农田、畜舍到餐桌"整个食物链中的通则和要求。1996年美国建立的食品加工关键点控制系统（HACCP）被世界广泛采用，成为食品行业安全生产普遍遵循的标杆。截至2009年，我国基本"构建了一个以国际食品安全法规为参照，以《食品安全法》为核心，以其他具体法律为配套，以地方食品安全管制法规为基础，以食品安全技术法规和标准为支撑的多种层次的法律法规体系"[62]。这些法规、制度是对食品生产经营者的普遍约束和共同要求，违反这些法规、制度将受到法律的制裁和社会的谴责。

4. 食品安全问题必须借助各种社会力量，采取社会行动才能加以解决

随着食品工业的纵深发展与食品链条的不断延伸，围绕食品安全所形成的利益相关者数量与类型也日益增加，使得食品安全问题的处理也变得日益复杂和困难。食品安全的监控范围涉及从"田头到餐桌"，包括生产、加工、储存和分销等所有环节的全过程。食品安全问题可能发生在整个过程的任何一个环节。所以，食品安全的全面保障需要通过食品产业链的各方，包括政府、农户、涉农类食品加工企业、消费者、中介组织以及与食品安全相关的科研机构等，进行有效的配合与协调才能实现[63]。

首先，食品安全问题的源头是食品生产经营者，所以食品生产经营的企业和个人必须担负起保障食品安全的首要责任。在食品生产经营过程中他们必须自觉遵守与食品安全相关的各种法律制度、技术标准，提高安全生产能力和管理水平，并将其内化为职业操守、道德自觉和社会责任感，以杜绝食品安全问题源头的产生。

其次，食品作为一种公共产品，其供应的优劣程度直接关系到广大消费者的健康与生命安全，更关系到市场经济的正常发展乃至整个社会秩序的和谐稳定，这是政府部门必须承担的基本职责之一。比如制定科学完善的食品安全规制体系，监督食品生产经营活动，处理突发食品安全事故，保护消费者的消费信心，提供食品安全知识信息，保障生产者、消费者等的权益等。

最后，消费者应该提高自主识别、主动规避食品安全威胁的认知能力，摒弃饮食陋习，树立正确、科学的消费观念和消费习惯，最大限度地表达自我消费需求和保护自我消费利益[64]。当然，还有其他社会主体比如新闻媒体要以客观公正的立场报道食品安全新闻事件，加大违法违规行为的监督曝光，加强食品安全卫生宣传；社会中介组织要积极发挥其在食品安全信息传递、技术交流、政策制定、风险评估、事故处理、监督管理等方面的积极作用。

综上所述，我们认为，食品安全问题不仅仅是一种重要的社会现象，更是一个重大的社会问题。它的存在必然产生深刻的社会影响，并引起广泛的社会关注，从而推动政府完善相关政策法律，采取具体措施抑制乃至消除其负面的社会影响以维持社会秩序。

第二节 食品安全问题的社会本质与功能

本质是人类认识的一种哲学表达。马克思主义哲学认为，本质是指事物的根本性质，是构成事物的各要素之间相对稳定的内在联系，是事物外部表现的根据。它反映的是事物内部所包含的一系列规律性和必然性的综合。本质是一个事物区别于另外一个事物的内在规定性。作为一个社会问题，食品安全问题的本质是一种社会越轨现象。那何以认为食品安全问题是一种社会越轨现象？哪些因素规定了食品安全问题的越轨本质？把握食品安全问题的社会本质，有助于我们对这一现象的发生发展、内在联系、外部表现以及运动规律有更深刻的认识。

一、越轨的理论解释

由于人类行为的复杂性、社会成员心理文化素质以及社会环境的变异性等因素的影响，社会生活当中存在偏离或违反社会规范的各种反常行为，这也是任何社会都不可避免的社会现象。越轨社会学集大成者杰克 D. 道格拉斯和弗兰西斯 C. 瓦克斯勒认为，"越轨是被社会集团成员判断为违反他们的价值观念或社会准则的任何私心、感情或行动""可以认为它指的是某些错误的、或恶劣的、或陌生的、或违法的、或与众不同的事情，它也可以引起多种多样的想象和反应"[65]。因为越轨是一种复杂的社会现象，众说纷纭很难形成一致的定义。社会学家们从生物学、心理学以及社会学等不同角度对越轨行为的形成原因进行了深刻分析，留下了卷帙浩繁的研究文献。

1. 生物学解释

一些研究者从人的生物、生理的特征（如头颅、人种、身躯类型、智力）寻找与越轨行为之间的相互联系，认为越轨行为是由于人的体质中的生理缺陷造成的，特别是犯罪型越轨行为。意大利的塞扎尔·隆布罗索（Cesare Lombroso）认为所有的犯罪都可以用"生物学上低劣的""野性的"身体特征的遗传来解释。他通过调查一些犯罪人员的头盖骨和前额形下颚大小后发现，这些人的外貌和体格特征与正常人不同，而与类人猿相似。由此，他得出结论，大部分罪犯是在生物学上退化或者有缺陷的人，他们在遗传和发育上不如守法公民。美国体质人类学家埃恩尼斯特·胡腾（Ernest Hooten）得出结论，人类由于多方面的遗传因素和生理缺陷可能导致犯罪。心理学家威廉·谢尔登（William Sheldon）也认为犯罪可能与人的体型有关。他把肌肉发达、筋骨健壮的身体结构称之为斗士体型，而且这类体型的人在他的研究中占绝大多数比重[66]。虽然类似的研究充满学术探索的奇趣，但杰克 D. 道格拉斯却不置可否。他认为用生物机体去解释越轨时所出现的各种问题是"简化论"，而且"尽管目前已知的人类社会变异远多于人类的自然变异，但这种理论不是忽视就是极力缩小社会的多样性"。"所有动物行为都有其社会方面，人类行为主要是受所面对的社会情境的影响"[67]。安东尼·吉登斯也认为，虽然有些人可能容易被激怒，并做出暴力犯罪行为，但是没有任何确凿的证据证明，生理特质是以这样的方式遗传的。而且，即便它们是以这种方式遗传的，它们与犯罪行为之间最多也只是一种不明显的联系[68]。

2. 心理学解释

与生物学解释类似，犯罪心理学理论也是在个人身上寻找对越轨的合理解释。只是心理学方法主要研究人格类型与越轨行为的关系。汉斯·艾森克（Hans Eysenck）认为，越轨者不是与生俱来的，只是有些人可能比其他人更容易越轨。而外向性格的人善于交际，但好冲动，他们对丰富多彩和刺激有强烈的需要。因此，这种类型的人更容易产生越轨行为。社会心理学家阿尔伯特·班杜拉认为，即便是没有真正攻击过他人的人，也会通过观察和模仿来学习这种行为。也就是说暴力和越轨都是可以通过学习而进行的行为。另外，攻击行为也常常是由于遭遇挫折、挑衅而引起。以奥地利心理学家弗洛伊德为代表的精神分析理论认为，社会越轨之所以产生是由于个体人格中的超我和自我没有得到充分释放，使本我、自我、超我之间的平衡关系被打破，而本我无法得到有效的控制，以至于导致个人越轨行为的发生。但是，如果超我过分发展，也会导致社会越轨，因为严重的、无时不在的犯罪感也会使一个本来正常的人做出不正常的行为来。

3. 社会学解释

大多数社会学家们并不赞同从生物学和心理学因素中寻求越轨行为产生的根源，因此关于越轨行为的生物学与心理学研究并没得到广泛运用。事实上，社会学家们更主张从社会环境、社会关系和社会结构中寻找新的答案，其主要代表理论有社会失范理论、文化冲突理论、亚文化群理论和标签理论。

（1）社会失范理论。失范最初是由埃米尔·迪尔凯姆引入社会学研究中来的。他认为社会就其最基本和最重要的方面而言是一系列的道德规范（法律和价值观念）。这些规范告诉人们去判断是非，决定人们应当做什么，不应当做什么。迪尔凯姆将失范解释为"是一种从社会规范缺乏、含混或者社会规范变化多端以致不能向社会成员提供指导的社会情境"[69]。当现代社会传统的规范和标准遭到破坏，而新的传统和规范又没有形成时，对个人的欲望和行为的调解缺少规范、制度约束和限制，社会就会出现失范状态。默顿在迪尔凯姆的基础上进一步发展了失范这一理论。默顿指出，在社会文化结构中存在两个最基本的因素：一是以文化或规范定义的目标，二是以结构方式表现这些目标的实现手段。在受制度引导的实现目标的手段或方式与文化的目标达成一致时，社会结构便可以维持一种有效均衡。当合法的制度化手段不能实现文化所提出的某些目标时，就会出现失调现象。这种失调或不平衡的社会状态就是社会失范，也就是指由社会所规范的文化目标与实现这些目标的合法的制度化手段之间的断裂或紧张状态。为了缓解由于断裂导致的社会紧张与压力，部分社会成员便通过反叛、创新、隐退主义或仪式主义等越轨的方式来达到目的。所以，越轨是对社会失范做出的一种反应。

（2）文化冲突理论。在部分社会学家看来，社会越轨的原因源于不同文化之间的冲突，不同民族、阶层和地域的人由于其信仰、信念、价值观、判断标准等文化差异，在对待同一社会现象时，常常会引起群体之间的竞争和冲突，这种冲突往往会导致越轨行为发生，这便是文化冲突理论。社会学家塞林（T. Selin）在其《文化冲突与犯罪》一书中将文化冲突区分为纵向冲突与横向冲突两种类型。所谓纵向文化冲突是由于不同时期的文化冲突所导致相应时期的法律规范之间的冲突；而横向文化冲突是指同一时期内两种文化之间的矛盾所导致的法律规范之间的冲突。塞林认为，文化准则的冲突必然导致行为的冲突，所以犯罪的根源实际上就是文化规范之间的冲突[70]。

（3）亚文化群理论。 后来的研究者还从亚文化群的角度来定位越轨。美国犯罪学家阿尔伯特·科恩认为，社会文化体系包含其他多种亚文化类型，而且每一种亚文化都有自己独特的价值内涵与文化目标。亚文化是与主文化相对应的。在一个社会里，主文化占有主导地位，是唯一的，而亚文化是多样的，如社区文化、职业文化、小群体文化、民族文化等。主文化可能根据自己的标准将亚文化视为越位。由于个体长期生活在亚文化群体之内，当其产生和维护的文化价值、观念体系与主文化价值体系相抵触或背离，就可能产生犯罪行为。文化冲突理论将社会越轨归结为文化冲突的产物。尤其是在现代社会结构日益复杂、社会价值观日益多元的背景下，文化冲突也更加激烈，各种越轨行为的出现也日渐频繁。

（4）标签理论。 标签理论主要是指社会依据其自身价值标准对某一对象进行自主定名或标识的过程。越轨行为是越轨行为者和非越轨者之间的一种互动行为，而不具有个人或群体所具有的特征。霍华德·贝克尔（Howard S. Becker）认为，越轨行为是指被人们贴上越轨标签而被定性的行为。换而言之，越轨者的身份是通过被贴上越轨者的标签而获得的，而不是因为越轨动机或越轨行为而产生的。所以越轨行为本身不是成为越轨者的决定性因素，而在于人们所定义越轨行为的主观判断和设定的标准[71]。可见是社会群体通过创造一些新的准则而创造了越轨行为。埃德文·雷梅特（Edwein Lemert）还区分了初级越轨和次级越轨，并认为次级越轨者是通过初级越轨者角色来形成他们的行为判断和观念认知。次级越轨大都以某种特定的穿戴方式，使用某种特殊的而且只有他们自己才懂得的俚语等形式来表现的。经过一段时间后，那些不认识他们的人，通过其呈现出来的某种特殊形象就可能即刻认定他们是越轨者[72]。可见，标签理论强调了越轨形成的过程，而忽视了越轨行为本身，但它也揭示了执法者与越轨者之间的双向关系与互动过程。这有利于我们从新的视角认识越轨行为。

总之，西方社会学理论有关越轨的种种解释，从不同角度展现了越轨行为产生的各种可能性因素。它们可能与社会失范有关，与个性心理有关，与文化冲突有关，与被贴上标签有关。暂不论哪种解释更合理，更接近真实的答案，它们的存在本身就向人们表明了越轨行为成因的多样性与复杂性，能给我们带来更多有益的启示和更宽广的思考空间。

二、食品安全问题的社会本质

社会学家们认为，诸如"耍无赖、不诚实、诈骗、撒谎、不端、犯罪、偷窃、装病、投机取巧、不道德、陷害人、贪污、腐化、心怀恶意、过失"等众多社会现象均属于越轨行为[73]。食品安全问题作为一种多发、隐秘、难以预防与监控的社会现象，其越轨行为也包括以上多种表现形式。其本质也是一种越轨现象。何以将食品安全问题认定为一种越轨行为呢？越轨理论为我们提供了基本的理论依据和判断标准。

正如社会学家们所言，越轨是指违背一个群体或整个社会规范的行为。"越"是指超越、违反、背离、偏离之义，而"轨"是指社会的主导性规范、观念和社会秩序。道格拉斯在提炼越轨的定义时，编制了一个漏斗型定义组合模型，为我们彻底理解其含义提供了一个详尽的图景。他认为越轨就是：①某种事物不对劲、陌生、奇特的感觉。②厌恶、反感的感觉。③某种事物违反准则或价值观念的感觉。④某种事物违反准则和道德价值的感觉。⑤某种事物违反道德准则或价值观念的感觉。⑥某种事物违反道德准则或道德价值的判断。⑦某种事物违反正统道德轻罪法的判断。⑧某种事物违反正统道德重罪法的判断。⑨某种事物违反人类本性的判断。⑩某种事物绝对邪恶的判断。[74]

在道格拉斯描述的定义图景中，虽然每种提法在具体针对性和倾向性上均表现出一定的差异。但我们总能读到几个重复出现的词汇，比如"道德""价值""判断""违反""准则"。恰恰正是这种重复性出现反而证明了其存在价值的不可或缺性。所以，对越轨概念本质的认识可以从两个层面来把握：第一，越轨是有关人们行为的社会准则的事实判断。任何社会形态都有一定的社会准则，包括伦理道德准则、逻辑思维准则、科学技术准则、常识准则等。这些准则构成社会的组成部分，是支撑整个社会结构的制度基础，是维系社会运行的基本轨道。同时，这些准则是被社会集团成员所普遍接受和认可的。所有人都必须在准则的约束和要求下生活。如若有人触犯这些基本准则，就会被各集团成员认为是在威胁社会，那么这种触犯行为就被认为是越轨行为。第二，越轨是对这些普遍性价值规范的违背。社会秩序是在各种制度规范、道德信仰和价值观念的匡扶下得以存在与运行的，但并不是所有人都会自觉遵守这些规范准则与道德观念，一部分人总会在自己或者集团的价值规范诱导下产生各种越轨行为，形成对主导价值规范的违背和挑战。在大多数情况下，这种少数派对普遍意志的僭越会造成社会秩序的紊乱，形成社会失范。

我们认为，食品安全问题的实质也就是一种社会越轨。因为，安全与健康是所有与食品安全问题有关的活动与事务所内涵的最普遍、最高的价值与规范。而食品安全问题的存在恰恰是对这一被社会普遍认同和追求的价值和规范的违反与背离。无论是消费者、企业还是国家甚至世界组织都要以安全与健康为最基本目标对食品生产经营提出规范约束与价值约定。世界卫生组织、联合国粮食及农业组织、《中华人民共和国食品安全法》等都明确主张和确保人类食品的安全与健康。

（1）世界卫生组织。世界卫生组织是当今以保障和促进人类卫生与健康为主旨的全世界最大的国际机构。由于食源性疾病能给人类的身体健康带来严重危害，使全球每年数百万人因为食用不安全食品而患上各种疾病，很多人也因此失去生命。世界卫生组织在2000年通过的决议中将维护食品安全作为一项基本公共卫生职能，并将食品安全视为"食物中有毒、有害物质对人体健康影响的公共卫生问题"。世界卫生组织进一步阐明，食品安全是一门专门研究在食品加工、存储、销售等过程中，如何保障食品卫生与安全，减少疾病危害，预防食物中毒的跨领域科学。食品安全的政策与行动范围必须涵盖从生产到消费的整个食品链。所以，食品安全包含了最大可能确保食品安全的所有方案与行动。为了实现这个目标，世界卫生组织通过提供相关食品安全一般信息、技术支持，出版食品安全培训手册和安全指南等措施，为促进食品安全、保障人类健康做出积极指导和规划。

2001 年 2 月，世界卫生组织制定通过了"全球食品安全的战略草案计划"。这个战略计划的目的旨在减轻食源性疾病对人类健康和社会安全造成的损害，并决定采取以下措施来达到这个目标：①对以风险为基础的、持续的综合性食品安全管理系统进行大力宣传和支持；②以科学为依据设计完整的食品生产链，这些措施将能预防接触食品中不安全的微生物和化学品；③与其他相关部门和伙伴进行合作，对食源性风险进行评估和管理，并相互交流信息[75]。这一行动计划对全世界的食品安全产生了广泛而深远的影响。

（2）联合国粮食及农业组织。联合国粮食及农业组织，是联合国专门机构之一，是专门为各成员国提供讨论世界粮食问题与农业问题的国际性组织。它的目标在于提高各国人民的食物营养水平和生活标准，改进农产品的生产方式和分配机制，改善农村和农民的经济水平，促进世界经济的健康发展，并使人类免于饥饿。虽然联合国粮农组织重点关心的是全世界食品的供给与分配问题，但其对提高世界各国人民食物营养水平和生活标准的关注也涵盖了食品安全与健康的价值诉求。截至 2010 年 7 月，联合国粮农组织共有 192 个成员国。这表明，所有成员国都认可并遵循联合国粮农组织的宗旨和目标。

（3）国际食品法典委员会。1963 年联合国粮农组织与世界卫生组织联合创建了国际食品法典委员会。该委员会是一个政府间国际组织，其目的就是"保护消费者的健康以及确保食品贸易的公平进行，协调国际政府组织和非政府组织开展所有食品标准工作"，其主要职责是协调各国政府间的食品标准，建立一套完整的食品国际标准体系。国际食品法典委员会目前有 180 个成员国，覆盖全球 98％的人口。在食品安全领域中，国际食品法典委员会的标准是世界贸易组织（WTO）

在《实施卫生与植物卫生协定》（Sonitary and Phytosanitary，SPS）中认可的解决国际食品贸易争端的依据之一。因此，国际食品法典委员会的食品安全标准是被世界公认的国际标准。可见，国际食品法典委员会标志着食品安全与健康已上升为世界性标准，反映了全世界对这一标准的广泛共识与共同坚持。

（4）《中华人民共和国食品安全法》（以下简称《食品安全法》）。无论是从效应范围还是认可程度，《食品安全法》都是我国食品生产经营活动中最高也是最普遍的规制形式。我国 2009 年颁布的《中华人民共和国食品安全法》（主席令第 9 号）总则第一条提出：为保证食品安全，保障公众身体健康和生命安全，制定本法。为实现这一基本宗旨，《食品安全法》中对食品安全生产经营活动中所有相关者的行为设定了明细的规范和标准，全社会范围内的个人和组织都得认同和遵守[76]。2014 年 5 月，《食品安全法（修订草案）》在国务院常务会议通过后，相关规定和制度被进一步完善和强化，包括对食品链各环节实施最严格的全过程管理，强化生产经营者的主体责任，完善产品质量责任追溯制度；建立最严格的监管处罚制度；加强对政府行政人员的行政问责力度；建立健全食品安全风险监测、风险评估和食品安全标准制度，增加食品安全责任约谈、风险分级管理等内容；建立食品安全信息有奖举报和责任保险制度，形成社会共治格局。其目的就是进一步强化和保障消费者的安全与健康。

可见，保障食品的安全与健康是对社会最基本的责任和必须做出的承诺，也是对人类的生存与发展权利的保护，更是一种全社会共同追求和遵守的价值和规范，是不容被颠覆和破坏的。而发生在世界各地的各种食品安全问题对人类的安全和健康造成了极大的威胁与损害，是对人类共同遵守和追求的食品价值观和规范秩序的违背和践踏。因此，食品安全问题的社会本质是一种越轨现象。

三、食品安全问题的社会影响

1. 越轨的社会功能

既然越轨行为是违背群体、社会主导价值和规范的行为，那么这种行为的存在必定对他人与社会之间的关系产生一定的影响。尽管社会结构本身的弹性使其能在一定时期内承受一定规模与程度的越轨行为而不至于产生严重的影响，但如果越轨行为的持续时间延长、规模扩大、后果严重，就会对社会秩序乃至整个社会结构造成一定的破坏，甚至可能导致社会的解组。一般而言，根据越轨行为对社会发展的作用性质，社会学家将越轨的社会功能分为正功能和负功能。如果越轨的对象（规范）符合社会发展需要，越轨行为阻碍了社会发展，那么越轨的社会功能则为负功能，或为社会功能失调（戴维·波普诺）。如果规范本身已经陈旧落后，对规范的越轨则有助于社会发展，在这种情况下的越轨功能则表现为正功能。对此，戴维·波普诺有经典论述，他认为越轨所引起的社会功能失调表现在以下几个方面。

第一，越轨行为的广泛传播可能降低人们遵从社会规范的动机。在某一社会形态中，当越轨和遵从获得同样回报，相关行为就会产生示范效应，动摇其他人遵守规范的信心，并选择跟随越轨。另外，越轨可能使在社会生活中发挥纽带作用的人们之间的相互信任遭到削弱。社会是一个靠各种规范联系起来的复杂整体。如果一些人破坏了约束他们行为的规制，那么社会秩序赖以维系的基础就不复存在，社会生活就会产生各种问题并处于危险之中，整个社会秩序都将遭到破坏。

第二，长期、大量的越轨会导致社会功能失调。一种越轨行为长期并大量存在，并没有及时控制时，就会造成重大的社会混乱，而社会结构就会出现解组[77]。虽然我们谈到的大多数类型的越轨行为对社会起着消极、负面的作用。但社会学家们认为，并不是所有的越轨行为都是负面的。安东尼·吉登斯认为，如果仅仅从消极的角度审视犯罪与越轨行为，那是不正确的。任何承认人类具有不同的价值观与兴趣的社会，都必须为其活动与大多数人所遵从的规范不相符合的个人或群体找到生存空间。越轨的主流规范需要勇气和决心，但是为了确保发生在未来对大众有利的变迁过程，这样的做法至关重要。如在政治、科学、艺术或其他领域中提出新观点的人，常常会被遵从正统方式的人用怀疑或敌视的眼光看待。但这种越轨对社会的进步是有价值且必要的[78]。所以，越轨行为可能有正面的功能，帮助社会系统更好地发挥作用并朝理想的方向发展。对此，安东尼·吉登斯也有详细论述，本书对此不做进一步赘述。而且就本书论述的主题而言，食品安全问题的直接正面的社会功能并不明显。

2. 食品安全问题的社会影响

当然，作为一种恶劣的越轨行为，食品安全问题的社会影响主要是以负面的形式呈现出来，其影响范围也已远远超过消费者个体身体安全与健康的范畴，对社会经济发展、社会心理、政府形象等社会其他方面均产生了严重的消极影响。

第一，对消费者的身体健康造成了严重损害。由于食品生产经营者违反相关食品安全卫生标准和规制，导致消费者在食用不安全食品后产生相关疾病甚至导致死亡，严重危害消费者身体健康与生命安全。食源性疾病的发病率是衡量食品安全状况的直接指标。据世界卫生组织调查显示，全世界每年发生的食源性疾病高达数十亿人（次）（通过摄食进入人体的病原体，使人体患感染性或中毒性疾病），而且主要病源来自发展中国家和非洲大陆。换言之，每年全球有将近一半的人因食用有毒物质而导致各种疾病。2008 年 11 月世界卫生组织发布信息称，无论是发达国家还是发展中国家，食源性疾病发病率均呈现上升趋势。世界卫生组织食品安全主管施伦特（Jorgen Schlundt）表示，受污染食品造成的具体损失还有待进一步研究确定。他指出，约有 30% 的新型传染病源混入了食物链中的细菌、病毒、寄生虫、化学制剂及毒素等[79]。在 2003—2004 年安徽阜阳爆发的劣质奶粉事件中，一些因长期食用这些奶粉的婴儿患上"重度营养不良综合征"，这些婴儿四肢短小，身体瘦弱，脑袋尤显偏大，被称为"大头娃娃"，众多婴儿受害甚至死亡。据报道，阜阳有 170 多名"大头娃娃"，其中死亡多达五六十名[80]。

我国属于发展中国家，食品安全基础水平不高。根据卫生部的统计数据显示，2005—2017 年我国累计报告食物中毒事件总共 3 472 起，中毒 111 389 人，中毒死亡 1 971 人，中毒死亡率为 1.88%。在此期间，2006 年报告食物中毒事件 596 起，中毒人数为 18 063 人，其指标为历年最高。此外，2007 年因食物中毒死亡的人数达 258 人，为历年最多。2010 年的食物中毒死亡率达到了 2.49%，为历年最高

（表 2-1）。这表明我国食品安全问题的严重性与普遍性足够引起高度重视。

表 2-1　2005—2017 年我国食物中毒基本情况

年份	报告起数/起	中毒人数/人	死亡人数/人	中毒死亡率/%
2005	256	9 021	235	2.60
2006	596	18 063	196	1.08
2007	506	13 280	258	1.94
2008	431	13 095	154	1.17
2009	271	11 007	181	1.64
2010	220	7 383	184	2.49
2011	189	8 324	137	1.64
2012	174	6 685	146	2.18
2013	152	5 559	109	1.96
2014	160	5 657	110	1.94
2015	169	5 926	121	2.04
2017	348	7 389	140	1.89
合计	3 472	111 389	1 971	1.88

注：资料来源于 2006—2014 年《中国卫生统计年鉴》。

　　第二，诱发社会信用危机，导致不良社会心理。近年来，我国食品安全事故爆发日趋严重，其影响程度已从单个企业延伸到整个相关产业，从某一地区蔓延到全国乃至国外。据"掷出窗外"网站中公布的一幅关于中国食品安全问题形势全国分布地图显示，从 2004 年到 2011 年，我国食品安全问题严重的区域从 2004 年的 4 个上升到 2011 年的 11 个，整个长江以南地区几乎全部覆盖[81]。2010 年 12 月，一项针对"中国消费者食品安全信心"的全国范围调查结果显示：近70% 的人表示对我国当前的食品安全状况"没有安全感"，其中52.3% 的受访者对食品安全状况表示"比较不安"，15.6% 的人对食品安全状况表示"特别没有安全感"，有 50.9% 的受访者认为我国迫切"需加强食品安全治理"[82]。这说明，食品安全问题已经对大多数消费者的心理产生了不良影响。

　　严峻的食品安全形势不仅伤害到消费者身体健康，而且给消费者带来极大的心理冲击，诱发一系列不良的社会心理反应。一是恐慌心理。由于食品安全问题的普遍性与严重性，使消费对食品产生了严重恐慌。在这种心理的驱使下，为了避免受到不安全食品的危害，人们会立即拒绝购买有安全隐患的食品，甚至还会产生过敏化和扩大化反应，连带性地拒绝消费其他食品，从而影响食品行业的发展。另外，不少消费者的恐慌心理还会转变为过度防备的心理。为防备食品安全形势恶化以及由此带来的食品短缺，他们便大量购买和囤积食品。此举会在短时间内造成食品供应全面紧张，甚至可能导致食品市场的崩溃。同时，那些囤积起来的过量食品反过来又给消费者造成不小经济负担，造成社会财富的浪费。二是悲观心理。当消费者感到食品安全形势并未如自己预想的那样有所好转，就会产生悲观的心理情绪，如"反正没有食品是安全的""不安全也得吃"等认识。持这类心理的消费者可能不会主动参与到制止、打击不安全食品的行动当中，任凭不安全食品生产经营活动出现，自身也继续消费可能存在安全隐患的食品。三是逆反心理。有些消费者由于对不安全食品的不满，从而对政府、企业、媒体产生不信任的态度，可能会采取一些与社会主流价值规范相反的心理和行为。比如一味批评、埋怨政府和食品生产经营者管理不善；在新闻媒体上制造、散布虚假食品安全信息，恶意评论食品安全政策和新闻等反常举动。这些不健康社会心理如得不到及时有效的疏导就会经过积累诱变成社会信任危机，造成对企业、政府和社会的极度不信任。

第三，破坏社会经济发展。食品安全事件在对消费者的身体健康造成严重危害的同时，也给食品行业乃至社会经济造成了巨大损失。以双汇"瘦肉精"事件为例，该事件对双汇集团的生产经营造成了巨大的影响。据有关报道，双汇发展发布公告称，"瘦肉精"事件可能使母公司双汇集团当月营业收入减少13.6亿元，双汇发展的营业收入也同步减少13.4亿元。事实上，"瘦肉精"事件对整个双汇的影响不仅仅表现在销售市场上，还给其资本市场以及整个产业链都造成了巨大损失：2011年3月15日，双汇发展股价跌停，市值蒸发103亿元；济源双汇处理肉制品和鲜冻品部门的直接经济损失达3 000万元；全年生猪头检测费增加3亿多元。更为重要的是，从长远来看"瘦肉精"事件不但可能会阻碍双汇的重组上市进程,还会对双汇未来的发展产生不可估量的影响[83]。这个事件造成的连锁反应,使双汇的品牌受到致命性伤害。同样,2008 年的"三聚氰胺"奶粉事件也引发了一场中国乳业乃至整个食品行业的安全危机。三鹿企业的破产直接导致奶制品行业减产停产,造成数万名职工失业,240 多万户奶农迫于无奈只得杀牛倒奶,严重影响了大量城乡居民的经济收入。事件导致消费者对整个国产奶粉品质严重不信任,而大量选择进口奶粉。2009 年我国乳制品进口从 2008 年的 35 万吨猛增到 59.7 万吨,国产奶粉行业遭受重大打击[84]。

此外,食品安全问题还影响到我国对外经济贸易活动,导致我国食品被进口国拒绝、扣留、退货、索赔和终止合同的事件时有发生。根据国家质检总局统计结果显示,2007 年域外国家以食品安全问题为由发起的针对我国的技术性贸易保护措施,使中国出口企业遭受近 500 亿美元的巨额损失,比 2006 年增加 35.39 亿美元,占同期出口额的 4.06%,使企业新增成本 264.31 亿美元,比 2006 年增长 72.76 亿美元。近年来,我国的农作物、蔬菜、水产品、畜牧产品等这些重要出口产品的出口额因食品安全问题大幅度下降,比如 2009 年我国谷物出口同比下降 26.3%,玉米出口同比下降 48.9%,大米出口同比下降 19.6%,蔬菜出口同比下降 2%[85]。可见,这些食品安全事件尤其是一些重大食品安全事件,不仅给消费者造成了伤害,而且给整个社会经济发展也带来了巨大损失。

第四,影响政府形象。政府形象是政府的整体素质、综合能力和施政业绩在国内外公众中获得的认知与评价,这种认知与评价具体反映为政府在国内外公众中的知晓度和美誉度[86]。保障食品安全不仅仅是食品生产经营者的责任,也是世界各国政府维护公共安全和社会秩序的一项基本职责。而食品安全问题的爆发则暴露了政府部门对食品生产经营监管的不力,使得政府的公共安全治理能力受到质疑,国际信誉受到影响,严重影响了政府的公共形象。

一方面,政府的公共安全治理能力遭到质疑。保障社会公共安全,维护社会秩序是政府的基本职能。食品安全属于公共安全的一种类型,加强食品安全治理,保障公民身体健康是政府的一项基本职责。政府保障食品安全的职责主要包括建立食品安全法规制度、监督食品生产经营活动、建设食品质量标准体系、打击违反食品安全法规行为、构建食品安全事故应急体系、进行食品安全宣传教育和交流合作等。而食品安全事件的不断发生则说明政府没有很好地履行这些基本职能。20世纪初，西方国家爆发的"二噁英"事件导致比利时政府内阁倒台，德国因"疯牛病"事件导致卫生和农业部长辞职。这反映了欧洲民众对政府的食品安全治理能力不信任。我国近些年来连续爆发的重大食品安全事件使得广大民众对政府的食品安全监管能力和危机处理能力产生怀疑。2008年的"三鹿奶粉"事件爆发初期，连续出现的同类犯病儿童并没有引起当地政府足够的重视。得知事件原因以后，相关监管、执法部门也没有立即采取措施，对涉事企业和相关产业链进行严格深入调查，使之最终引发成一场全国性的食品危机。事后国家质检总局局长李长江引咎辞职，石家庄市政府、省直有关职能部门14名相关责任人受到不同的行政处分[87]。

另一方面，政府的国际信誉受到影响。在经济全球化的背景下，食品安全事件的影响迅速传播到国际社会，使政府的国际形象和国家信誉遭到直接损害。近年来在国外发生了多起与中国有关的食品安全事件，在国外媒体的炒作报道下，中国的国际信誉颇受打击。2006年10月，止咳糖浆因含有毒工业原料二甘醇，导致巴拿马百余人死亡；2007年3月，以我国产的小麦和大米蛋白粉为原料的宠物食品造成美国宠物死亡；2008年9月，因我国出口日本的大米农药残留超标，引发"毒大米"事件；2008年12月至2009年1月间，从我国出口到日本的速冻饺子被检测出含有高毒农药甲胺磷，导致数十人中毒等[88]。对此，国外媒体都纷纷将责任的矛头指向中国。尽管这些事件的原因可能并不完全在于中国，或者是国外媒体的有意偏颇或夸大报道。但却因为这些食品都与中国有关，使中国食品企业乃至中国的国家形象遭到抹黑。以至于盖洛普民意调查报告显示，94％的美国消费者倾向于购买本国食品，而只有不到6％的消费者表示愿意购买中国食品[89]。尽管这一调查结果并不能完全反映真实的市场信息，但至少说明，这些负面消息已经对中国产品的品牌信誉造成了不小的损害。甚至在国际舆论中出现了"中国制造"成为"买家当心"的论调[90]。当然，国家形象受损会直接导致出口贸易的下降。这都充分反映了食品安全问题给国家形象带来的负面影响。

第三节　食品安全问题形成的社会归因

正如戴维·波普诺所言，越轨现象的形成原因是复杂的。在整个食品供应链的环节中，与食品生产经营活动相关的所有因素都可能引发食品安全问题，比如生产技术、经营管理、经营贸易、政府监管、制度规范、伦理道德等。因此，食品安全问题的成因也是复杂多样的。而当食品安全问题被视为一种社会越轨现象时，它的形成必然有其深刻的社会根源。

一、社会规制失范与食品安全问题的形成

在任何一种社会形态中，社会结构要得以稳固，社会秩序得以维系，社会运行得以进行，社会文明得以延续，都有赖于社会规范对社会行为的约束和引导。从本质上来讲，社会规范是一种社会契约。它是人们为维护公共秩序而从个人权利中让渡出去一部分所形成的"公共意志"。因为社会规范得到了全体社会成员的共同认可和承诺遵守，所以能对全社会起到普遍约束作用。社会规范的形式包括法律规章、政策制度和伦理道德等。如果社会规则一旦遭到忽视或者破坏，整个社会就可能陷入混乱，各种越轨行为就会借此涌现，这就是社会失范。从形态来分，社会失范包括个体或群体对规范的违反、规范自身的冲突或是社会无规范状态。正如迪尔凯姆所言，社会失范是社会一体化被破坏，也是传统社会向现代社会转型过程中道德规范没有得到遵守所导致的结果。从这个意义上来说，食品安全问题出现的社会根源亦在于与食品相关的社会失范所致，包括食品安全生产经营的法制失效、道德失范以及有食品所规定的文化目标及其实现手段之间的矛盾。

1. 食品安全规制失效是食品安全问题频发的首要原因

在迪尔凯姆看来，社会失范是在社会变迁过程中旧的规范已经不适用，而新的规范尚未建立，或是某种规范功能遭到削弱或遏制，或

是多种规范体系之间发生冲突，从而使人类行为失去了规范与准则[91]。尽管经过 50 多年的努力发展，我国已初步形成了食品安全规范体系，制定实施了包括食品安全与卫生的法律政策、地方法规、行业标准，还包括食品质量监督、进出口、检验检疫等各种规范性文件，形成了一道保障食品安全的坚实屏障。但随着科学技术的快速进步和食品工业的迅猛发展，特别是我国社会进入转型发展期，旧的食品安全规范约束力逐渐下降，新的社会规范与价值观念处于更新重建的过程之中。这种新旧交替的过渡时期往往是规制约束最薄弱的阶段，容易给违法违规者留下可乘之机，从而导致食品安全事故频繁爆发。

食品安全法制失范主要是指各种食品安全法律规定、制度标准等对食品生产经营活动的约束、引导和惩戒作用被弱化或者消失。我国食品规制失范具体表现为食品安全规制体系发展滞后，食品安全标准过低，食品安全规范之间存在冲突等。

第一，食品安全规制体系发展滞后。2009 年我国才通过第一部完全的《食品安全法》。之前我国虽已经制定实施了诸如《食品卫生法（试行）》等相关法律，但整个法制文本没有体现从"农田到餐桌"的全程管理理念。制度内容更新缓慢，甚至对一些新兴的食品安全问题根本没有涉及，出现规制漏洞与空白，整个规制体系处于严重滞后状态。就生猪饲料中添加"瘦肉精"而言：一方面，养殖业不在《食品卫生法》规定的调整范围之内，因而无法对其进行约束。与此同时，《动物防疫法》和《生猪屠宰管理条例》等对养殖中添加"瘦肉精"和其他有毒有害化学物质并没有明确规定，以至于现行法规体系未能将相关问题从源头上纳入法制管理的轨道[92]。而现实生活中，在饲料生产中添加各种添加剂却成为行业的通行做法。出现了规制内容与现实发展的严重脱节。研究显示，我国现行食品安全标准体系形成于 20 世纪 80—90 年代，此后仅进行了三次大范围修订，且绝大部分内容都进行了修订和完善。现行食品安全标准执行时间超过 10 年以上的约占 1/4，甚至个别标准执行时间已超过 20年。据相关网站报道，我国瓶装水安全检测仍依照苏联的标准，安全指标总数只有 20 项，远低于自来水安全指标的 100 多项。可见，食品安全标准发展严重滞后，已不能满足社会发展的新需要，更难有效保障食品安全。

第二，食品安全标准过低。虽然我国目前已初步建立起包括国家标准、地方标准、行业标准和企业标准相结合的四个层次标准结构体系，形成了相对合理的食品安全标准配套体系。但相对于消费者健康需求的不断提高，以及国外食品安全标准的日益发展，我国现行食品安全标准仍然过低。如我国颁布的《农药残留限量国家标准》只涉及136种农药共计478项，而国际食品法典委员会对176种农药和375种食品规定了2 439条农药最高残留值指标，世界卫生组织和联合国粮农组织在2001年就已正式颁布200种农药3 000多项农药残留限量值标准，美国则颁布8 100多项农药最高残留值标准[93]。在我国3 000多项食品安全标准中，却没有奶粉的生产加工过程中有关三聚氰胺之类的非食品添加剂的操作标准和奶源流通标准。与CAC/ISO规定的标准体系相比，我国果蔬标准缺乏质量标准和分级标准，贮藏运输及包装标识标准也不能满足需要，果蔬制品目前也没有有害物质含量的检测方法标准[94]。类似问题在其他文件的条款中还多有存在。

第三，食品安全规范之间存在冲突。长期以来，我国食品安全管理体制是建立在"分段管理为主，品种管理为辅"指导思想之上，主要由农业、质检、工商、卫生四大部门分别负责食品生产、加工、流通、消费四个环节的安全监管。因此，不同部门均会出台各自的食品安全法规制度和标准，形成政出多门、法规林立的状况，很容易造成同类食品安全规范和标准之间的彼此重复甚至相互矛盾的现象。比如，针对出售未经检疫合格的猪肉的相关法律处罚我国就有三种不同规定。第一，我国《动物防疫法》对"已出售的没收违法所得；未出售的，首先依法补检，合格后可继续销售，不合格的予以销毁"。第二，我国《食品卫生法》规定，"对未经检疫的畜产食品，已出售的立即公告收回。公告已回收和未出售的猪肉，应责令停止销售并销毁，还应没收违法所得并处以违法所得一倍以上五倍以下罚款；没有违法所得的，处以一千元以上五万元以下罚款"。第三，国务院《生猪屠宰管理条例》规定："未经定点、擅自屠宰生猪的，由市、县人民政府商品流通行政主管部门予以取缔，并由市、县人民政府商品流通主管部门会同其他有关部门没收非法屠宰的生猪产品和违法所得。可以并处违法经营额三倍以下罚款。"再如，在我国有关乳酸菌饮料铅含量的标准中，《乳酸菌饮料卫生标准》（GB 6321—2003）规定铅不得超过 0.05 毫克/升，而《乳酸菌饮料》（GB 1554—1992）则规定铅不得超过 1.0 毫克/升[95]。

这种对同一法律主体存在法律矛盾与冲突的状况势必给执法带来诸多困难，不仅使法律的权威性和严肃性大打折扣，也给违法犯罪行为留下可乘之机。正是由于我国食品安全规范体系存在诸多的失范现象，使得不良食品生产经营者有机可乘。他们利用规范漏洞，降低甚至直接忽视食品生产经营规范，降低生产经营成本，达到获取高额利润的目的。这势必会引发食品安全事件，损害消费者身体健康。

2. 食品安全道德失范是食品安全问题发生的伦理底线失守

美国伦理学家 R. T. 诺兰等指出，"每一种经济制度都有自己的道德基础或道德含义"[96]。食品生产经营作为一种经济活动，企业、商人通过其获取利益本无可厚非，但要保持市场经济活动的可持续性，除了要遵循经济规律和法制规范以外，还必须遵循相应的伦理道德规范。在我国由计划经济向市场经济转型过程中，人们的行为方式、价值观念、思想信仰都发生了变化，原本以情感为基础的道德调节变成以物质利益为标准来衡量人与人之间的关系。人们的行为普遍受到"金钱至上""个人主义""利己主义"等不良价值观的影响，以致一部分人在食品生产经营与管理活动中无视他人安全与健康，一味追求个人私利，丧失商业伦理、社会责任与职业道德，放任不安全食品泛滥，引发食品安全问题。

第一是食品生产经营者商业伦理与社会责任感缺失。食品安全问题的肇事者主要是从事食品生产经营的企业和个人。而肇事的伦理根源也就是由于他们无节制追求个人利益最大化的价值观驱动所致。由于食品生产经营的专业化、技术化程度越来越高，市场交易过程中买卖双方存在严重的信息不对称。卖方因直接介入食品生产经营过程，掌握绝大多数产品信息，而买方则相对缺乏相应信息。在巨大利益诱感面前，卖方非常容易放弃商业伦理利用信息优势制售不安全食品。买方无法确保食品的安全，只能将希望责任委托给卖方和监管者。而一旦卖方出现伦理道德缺席就会导致规制和监管失效，食品安全事故的发生就难以避免。尤其是在社会转型期，诚实守信、遵纪守法等传统伦理道德观念节节退却，各种个人主义、享乐主义、利益至上等不良社会思潮不断涌现，一些企业和个人为了满足个人利益，在食品生产经营过程中不择手段，故意制假售假、添加各种有毒有害物质、使用劣质原料等，完全置他人安全健康于不顾，丧失基本的职业道德、个人品德与社会责任感。

第二是政府行政职业伦理弱化。作为公共利益的代理人和保护者，政府部门负有监管食品生产经营行为，保障食品安全，保护消费者权益，维护社会秩序的基本职责与核心价值。但在现实中，我们不难看到许多政府监管部门为了地方、部门或个人利益以制度缺陷为借口，疏于监管或执法不严，甚至直接通过"权力市场化""权力寻租"等方式与肇事者合谋掩盖真相，纵容违法行为，使不安全食品流入市场，完成利益输送，沦为食品安全事故的帮凶。比如 2010 年湖南金浩茶油事件，相关质检部门在得知真相后隐瞒不报，帮助企业秘密召回问题产品。2014 年深圳沃尔玛黑油事件，企业声称已经先后接受了政府和监管部门 26 次的执法检查，每次检查都是合格，没有一次例外[97]。事实上，即便是再严密的立法和再严厉的处罚，都取代不了严格的检查监督。严格监督检查可以大大减少甚至消除各种安全隐患，从而降低安全事故的发生概率。但公共部门若不能坚守严格、公正、负责的行政职业精神与道德操守，其监管就会沦为形式，食品安全防线便会被轻易突破。

3. 食品文化目标及其制度化手段之间的矛盾

默顿在其《社会理论与社会结构》一书中对越轨行为的产生归纳了两个原因：一是以文化或规范描述的目标；二是以制度方式实现这些目标的手段。所谓文化目标是由社会所确立的一些被认为值得共同追求的，在社会中占统治地位的价值观念。它塑造和规范其社会成员的各种社会行为。而制度化手段则是实现这些文化目标的制度化途径或方式。一旦社会成员愿意追求社会规定的文化目标并且能够以正统手段实现时，文化目标与制度化手段之间就会达到一种平衡状态。但是，当社会成员无法通过或者没有制度化手段来实现其文化目标，或者对传统的目标或传统制度性手段都没有兴趣时，文化目标与制度性手段之间就会造成关系失调或处于不平衡状态，这种状态被默顿称之为社会失范。一旦这种失范状态过于严重或者持续太久，就会削弱社会规范的控制力，使社会产生异化状态，使人处于压力或紧张之下，一部分人可能通过越轨行为来缓解这种紧张感。在默顿看来，人们往往会试图通过以下越轨方式来解除失范性紧张，如表2-2所示。

表2-2　个人适应方式的类型

适应方式	文化目标	制度化手段
Ⅰ. 遵从	+	+
Ⅱ. 创新	+	-
Ⅲ. 形式主义	-	+
Ⅳ. 退却主义	-	-
Ⅴ. 造反	+	+

资料来源：引自罗伯特·金·默顿的《社会理论和社会结构》，1963年自由出版社出版。
注：加号表示接受，减号表示拒绝。

依据以上逻辑推导，我国食品生产经营领域中屡禁不止的各种制售假冒行为便是类似矛盾冲突激化后的表现。换言之，在文化价值目标与社会结构失衡或错位的情形下，包括食品安全违规行为在内的诸多社会违规行为，其实是部分社会主体用以应对这种失衡或错位的一种方式选择[98]。这种情况在生产经营者与管理者中都存在。

第一，正当的食品经营文化目标以非正当手段去实现。作为一种市场行为，食品生产经营企业和商家通过技术改造、成本控制、改进工艺、改善营销等正当手段获得利益是正当合法的。这种通过正当手段实现"个人财富积累"与"经济上的成功"是一种被认可的价值追求和社会文化共识。但现实中并不是每个食品从业者都可以实现二者的平衡，尤其是"当该社会成员所拥有的手段性资源还不足以维持其正常生活时，强烈的剥夺感将可能推动其通过社会所不允许的途径来满足自己致富的欲望"[99]。我国是一个食品消费大国，从事食品生产经营的中小企业和个体商贩数量庞大，一些小型食品生产经营企业和个体经营者为了达到节约成本、快速致富的目的，一旦政府监管不力或缺乏道德自律，就很容易倾向通过非法手段和方式生产销售不安全食品。这种以价值目标的正当性掩盖实现手段的非正当性，恰恰容易导致食品安全问题的发生。研究显示，从食品安全问题产生主体来看，小企业占了53.5%，小作坊占了17.5%，两者之和占了70%。可见，我国的食品安全问题主要集中在小企业、小作坊。除此之外，商贩占了9.7%[100]。正是这些小而分散，利益目标明确，数量巨大，制售手段隐蔽的中小食品生产经营者的非法行为，加剧了食品安全形势的严峻性。

第二，政府部门行政文化价值目标的迷失使其监管行为背离了公共精神。作为市场行为监管者和社会秩序的维护者，政府职能部门的终极目标就是维护社会的公平与正义。但是，一些职能部门和行政人员为了谋取政治利益或私人利益，崇尚"权力市场化"、进行"权力寻租"或者"行政不作为"，在食品安全监管过程中刻意纵容一些企业和个人的违法违规行为，背弃公共部门理应追求的公共精神，表现出社会文化所限定的价值目标及其实现手段的混乱与迷失，导致不安全食品流入市场，促成食品安全问题的发生。

二、饮食文化失调与食品安全问题的形成

美国著名社会学家奥格本在研究社会变迁过程中关于文化和先天的本质等问题时指出，社会变迁是一种文化现象，应从人文方面而不是生物本性中寻找社会变迁的原因。他认为，社会文化各个部分的变化并不一定是同步的，有些变化比较快，有的变化比较慢，各种文化之间存在相互关联和依赖的关系。当社会文化中的一部分变化较快时，需要各部分相关的文化也随着变化进行重新调整。但在现实中，文化之间的调适往往不可能同步进行，往往需要一个彼此适应的过程。文化失调的现象常常在这个过程中产生。一般而言，文化中的物质部分最先产生变化，然后是精神部分，最后是风俗习惯。这种社会文化中的各部分变化速度不一致的现象叫作"文化滞后"或者"文化堕距"[101]。在我国经济社会快速发展的过程中，社会文化观念特别是饮食文化也发生了重大变化。如传统饮食文化中精华与糟粕之间的取

舍，新兴饮食文化与健康安全理念之间的冲突，饮食文化现实差异与食品安全一致需求之间的尴尬等。这些饮食文化之间的关系失调，也成为诱发食品安全事故的社会原因。

1. 传统饮食文化习俗与健康安全理念之间的矛盾

勤劳智慧的中华民族在几千年文明历史中形成了丰富多彩的饮食文化，创造了许多风味独特、美味可口的传统佳肴。特别是一些咸鱼、咸肉、火腿、香肠、腊鱼、腊肉、榨菜、泡菜、卤菜、酱菜、豆豉、臭豆腐、霉干菜、臭冬瓜、冬霉豆等日常风味食品，深受国人喜爱。这些食物在滋养一代又一代中华儿女的同时，却隐藏着许多未被引起足够重视的食品安全风险，特别是一些腌制、熏制、发酵类食物。这些食物往往都是凭借习俗经验而不是通过规范科学方式制作的，健康安全风险很大。一方面，许多食品经过精细加工后，营养成分受到破坏、流失，无益于身体健康。另一方面，在一些食品制作过程中会产生大量的硝酸盐、亚硝酸盐类以及有毒霉菌等有害物质。现代科学研究已经证明，硝酸盐和亚硝酸盐在人体积累达到一定剂量时就可能产生致癌、致畸、致突变作用。而腌制食品在长时间的腌制和贮藏过程中也会产生对人体有害的过氧化物、霉菌污染等致癌物质[102]。这些都可能给人体健康带来严重危害。

受到传统饮食文化崇尚"色香味俱全"理念的影响，国人在食物制作中向来注重食材独特、外观精美、味道鲜美，以增强食欲，吸引食客。当然，如果在保证食材安全健康的前提下，讲究食物的外形与味道也未尝不可。但如过度追求其"色香味"的完美，却容易忽略食物最根本的价值，即营养与健康。一些商家为了迎合部分消费者的这种消费需求，刺激消费者的消费欲望，想方设法对食物的外形卖相进行保鲜、着色、整形，对味道进行复杂调理，特别是大量使用各种添加剂，许多食品安全问题因此发生。比如"染色馒头""硫磺生姜""红心鸭蛋""苏丹红鸡翅"等均与此有关。在2012年安徽省利辛县的"甲醛猪血"事件中，据犯罪嫌疑人交代，用福尔马林液加工浸泡后的猪血外形漂亮，新鲜、不易烂、防腐，这种由猪血做成的鸭血受到消费者和经营户的欢迎，销量很好。可见，这种食品的制售与消费行为深受不健康饮食习惯的影响。

尽管这些传统食品文化中的陋习有违科学、健康、安全的现代饮食观念，并危害着人们的身体健康，但这种传承千年的饮食文化遗传基因却不易剔除，它们仍将在较长的时间内影响着国人的消费方式与消费习惯，要纠正这些饮食陋习需要一个较长的过程。

2. 现代饮食文化潮流诱发新的食品安全隐患

现代发达的食品工业在给我们带来丰富多样的食品，提高消费水平的同时，形成了以"消费主义"和"享乐主义"为特征的现代饮食文化潮流。在新兴饮食文化观念带动下，消费者对食品的数量、种类、口味和营养价值都提出了较高的要求，同时一些不安全、不健康的食品类型和消费方式也不断涌现，给人们的身体健康带来了重大安全隐患。

随着现代生活方式的变化与工作节奏的加快，人们对食品的口感、味道、包装、时令等的要求也越来越高。食品工业的快速发展催生了许多新兴饮食习惯与新潮食品，它们在满足人们现代工作生活需要与猎奇心理的同时，也带来了许多不安全因素。比如各种快捷、速冻、烧烤、油炸、腌制、调制、保鲜、防腐、反季节类甚至概念性食品越来越成为上班族、年轻人的盘中餐。有些新兴消费方式甚至被人们认为是现代生活必需、时尚和新潮的标志，却忽视了它们可能给消费者带来的一系列健康问题，比如消化道疾病、心血管疾病、高血压、肥胖症、肝肾损伤、癌症等均与这些不健康的饮食习惯有密切关联。

为了满足销量巨大、种类繁多和口味翻新的现代食品消费需求，市场上就出现了向土地过度索取农产品产量、反季节蔬菜种植、跨地域的应季蔬菜运输现状。这无疑大大加重了土地与工厂生产的负荷和农产品的附加成本。但为了满足人们对食品数量、口味、方便和便于贮存的要求，一些食品生产者和商家大量使用化肥、农药、添加剂、生长素、冷冻、防腐等现代食品工业技术。特别是在实践中，食品添加剂被非法使用、超量使用、超范围使用，甚至滥用非食品添加剂的情况普遍存在[103]。根据通用食品安全标准规定，食品添加剂的安全添加总量不能超过 2%，否则就会给人体健康带来安全隐患。

在消费主义价值观的导向下，一方面人们热衷于消费，并表现出对物质财富和自然资源毫无顾忌、没有节制的消耗、享受甚至浪费。另一方面，这些不理性行为往往被视为扩大消费需求，拉动经济增长的合理手段。恰恰是这种不理性的消费文化给食品安全和社会可持续发展带来了严重危害和影响。

3. 饮食文化多样性导致食品安全的不可控性

我国是一个拥有 56 个民族的多民族国家，每一个民族由于宗教文化和生活习俗的不同而形成了本民族独特的饮食习惯。特别是许多少数民族具有分散居住、流动生活的特殊性，而且不少民族都有自己的饮食文化传统和饮食文化禁忌，使得这些地方的不健康饮食习惯长期沿袭而难以改变。这使得正常的食品安全监管也难以实施，容易导致食品安全事故发生。

我国幅员辽阔，少数民族数量众多，分布广泛，且大都分布在边远、高原、高寒山区，而且少数民族人口居住分散，常规食品安全监控力量难以涉及。少数民族欠发达地区的食品生产经营企业普遍都是自产自销，且绝大部分规模小、技术水平低、分散经营，食品的安全卫生水平难以达标。如四川凉山彝族自治州食品生产加工业中约80％是 10 人以下的家庭作坊式企业。这些企业工艺和生产设备落后，加工粗糙，在原料和食品添加剂使用上也不规范，致使"三无产品"充斥市场[104]。

一些少数民族有一些特殊的饮食习俗。比如赫哲人喜食生鱼肉，鄂伦春人喜欢吃生兽肝肾和半生的肉，广西瑶族人生吃腌制的鱼和鸟肉，西南地区的一些民族则喜食长时间腌制和熏制的肉。但这些带有鲜明地域特点和民族特色的饮食习俗往往存在不少健康安全隐患。比如经常食用全生或半生肉类易引发华枝睾吸虫病、牛带绦虫病等，而经常食用腌制生肉容易引发旋毛虫病害。根据卫生部门统计，广西融水、龙胜、横县等地由于喜食"鱼生"菜肴，这些地区的华枝睾吸虫病感染率明显高于其他地区。据报道，广西横县、邕宁县、德保县和南丹县等地曾多次爆发人群旋毛虫病，其原因均是由于食用腌制生肉引起的。另外，少数民族中饮食文化禁忌也容易导致食品安全事故。比如由于在销售清真食品时未设专柜或未与少数民族禁忌的食品隔离而引发的冲突事件[105]。可见，我国饮食文化的某些方面与健康、安全的现代生活理念之间存在不可调和的矛盾和冲突，正是这种饮食文化失调在一定程度上导致了食品安全问题的产生。

三、社会整合失衡与食品安全问题的形成

社会整合（social integration）最早由法国社会学家迪尔凯姆提出，是指社会不同要素、部分结合为一个协调统一的社会整体的过程及结果，也被称为社会一体化。迪尔凯姆的社会整合理论主要研究了社会整合的成因、社会整合与个人的关系、团体意识对社会和个人的作用三个基本问题。迪尔凯姆根据社会分工程度和整合形式的不同，划分了两种社会团结类型，即"机械团结"与"有机团结"。"机械团结"是在一个社会共同体中，成员遵守统一的传统规范，有着共同的信仰和情感，集体意识和集体信仰主宰一切。一切偏离社会公认标准的个人行为都将受到惩罚。所以实质上，"机械团结"是一种高度"同质"的社会。随着社会分工的日益细化和复杂，人的个性与自由获得更多的发展空间，共同体意识变得日渐模糊。人们不再在物质和精神上完全依赖集体，通过各种专业社会组织满足各种需求，从而出现了新的社会团结形式——有机团结。与"机械团结"不同的是，"有机团结"是建立在社会分工和社会异质性基础上的。

在社会学家们眼中，社会是由若干不同群体、组织和个人组成的共同体，每个组成部分都有着自己的利益目标、价值观念和行为方式。只有把这些不同社会群体和个人团结起来，把其利益目标、观念和行为整合为一个有机整体，社会才能稳定和发展。反之，如果这些利益和目标不能得到有效整合，各种社会矛盾和社会问题就会出现。迪尔凯姆认为，社会问题的产生与社会整合程度的高低有密切关系。社会整合程度过高或过低都容易引发各种社会问题，只有适度的社会整合才有利于社会稳定与发展。当前，我国社会正处于转型发展阶段，"社会领域、区域发展、社会阶层、组织结构、收入分配、价值观念"[106]等各个社会要素都处于分化、调整时期，社会结构不稳定，社会体系整合程度较低，社会矛盾加剧，各种社会问题频发。

现有研究表明，我国食品安全治理不善的一个重要原因是现行食品安全治理主流范式存在严重的"碎片化"。而"碎片化"的"根源在于政府食品安全治理部门因缺乏有效的协调、合作机制而导致的治理失败"[107]。为了弥合食品安全监管体系"碎片化"和彼此割裂的状况，加强对各食品监管部门的统一领导和协调合作，2010年我国在国家和省两级层面设立了食品安全事务最高权威议事机构——食品安全委员会。该机构专门负责食品安全形势分析，研究部署和统筹指导全国和各地区食品安全工作，提出食品安全监管的重大政策措施，督促落实食品安全监管责任等工作。学界也有针对性地提出诸如食品安全"整体性治理""协同治理"和"复合治理"等思路。宋强认为我国食品安全监管体制在政府监管理念、行政监管主体、社会性参与、监管方式等方面都存在碎片化的问题[108]。而有学者认为整体性治理则有助于实现"政府内部机构和组织的整体性运行，使管理从分散趋于集中，从部分趋于整体，从破碎趋于整合"[109]。所以陈刚提出要"建立政府-市场-社会的合作伙伴关系，在目标、功能、信息、政府与社会进行整合"[110]。张志勋认为我国食品安全监管机构、治理主体、食品安全信息均存在整体性不足从而导致食品安全问题治理失灵，因而应强化以上三个方面的整体性[111]。这些探讨为解决体制"碎片化"问题，加强整体治理提供了新的方向。

实际上，围绕我国食品安全问题治理"碎片化"与"整体性治理"的讨论本身就表明我国食品安全问题治理的社会整合度不高。概括来讲，这种食品安全问题治理社会整合不足主要表现在认同整合、功能整合、制度整合三个方面。

1. 对食品安全问题的认同整合度不高

认同整合是在思想意识方面的认同，是指各社会主体在对食品安全问题的危害、责任以及治理等方面的认识上达成一致。而我国各社会主体对食品安全问题的认识并没有形成统一认识，反而存在较大差异。面对同样的食品安全现象和局势，同类社会主体内部也有不同的态度和认识。也就是说有的认识到食品安全问题的严重性；有的则持无所谓的态度；有的认为食品安全治理或是政府或是市场的责任，与己无关；有的则主动采取有效措施履行自身职责来保障食品安全。

首先，作为食品安全问题的首要主体，大部分商家能够认识到食品安全事故可能给消费者和社会造成严重影响，能够意识到自身在保障食品安全方面负有不可推卸的责任，也能表现出积极主动态度，并采取有效措施切实保障食品安全。但仍有一部分生产经营者一味追逐个人利益，无视法规政策，丧失道德良知，肆意生产经营不安全食品，给广大消费者的安全健康以及社会和谐稳定带来严重危害。其中除了中小企业、私人业主以外，也不乏大型企业集团。正是由于这部分商家没有正确认识食品安全问题的严重性，以至成为各种食品安全事故的元凶，乃至连累一些正规生产经营商家的声誉和效益受到损害，扰乱整个食品市场。其次，一部分消费者也不重视食品的安全与健康，过分追求食品外形、口味，盲目遵从一些不健康传统食品和新潮食品。特别是一些贫困落后和偏远地区的消费者对食品安全问题持有不慎重、不科学和无所谓的态度，他们更愿意购买那些廉价劣质的食品。这种观念纵容了不安全食品的流通和泛滥。最后，一些食品安全监管部门和人员对食品安全问题的认识不到位。部分行政官员思想中还存在"官僚主义""本位意识""轻民重商"等陈腐观念，致使他们在食品安全监管中责任意识不强，效率不高，更有甚者与商家合谋损害消费者利益，危害公共安全。一些新闻媒体在食品安全事故报道中存在过度追求"轰动效应""吸引眼球"等思想，采取夸大、歪曲甚至虚假的方式报道有关食品安全的新闻，以至误导社会舆论，扰乱消费者心理，对食品安全危机起到推波助澜的消极影响。

正是由于各种社会主体出于不同立场和利益诉求对食品安全问题持有不同甚至相悖的认识，使得社会无法达成统一共识。正是这种认同差异严重削弱了社会应对食品安全事故治理的整体力量和整体效果，助长了食品安全形势的恶化与蔓延。

2. 食品安全相关组织的功能整合度不高

组织功能整合是以整合各种社会组织的职责为出发点，对由于社会分化而产生的职业异质性进行必要的整合，其特征是基于任务的功能互补。在食品安全问题治理体制中，政府部门、企业以及各类社会组织都应发挥其基本职责，而且做到功能互补，协调整合。但我国现行的食品监管组织体系，未能做到很好的功能整合。

我国现行食品安全监管组织机构体系设置总体上按照"条块分割"的模式来设置。从纵向来看，从中央到地方按照不同层级设置相同职能部门，进行垂直管理，下级机构对上级机构负责，上级对下级进行业务管理和指导。从横向来看，每个层级都有多个相关部门管理不同环节和类型的食品安全事务，且其下又可增设分支机构。每个分级部门有自己的职责功能和权限范围，且相互平行，互不隶属，只对本级政府负责。尽管设置了食品安全委员会作为平级部门间的综合协调机构，但由于传统行政体制框架的限制，其主导协调的核心作用没有得到充分发挥。这种纵横交叉的机构设置容易造成组织体系的割裂和碎片化，导致部门林立、职能交叉、功能分散、效率低下，不能很好地协调整合各级各层面组织的功能。

虽然我国《食品安全法》规定了其他社会组织有权通过各种方式参与到食品安全监督活动中，但是政府部门对权力的垄断使社会组织的监管功能没有得到有效发挥。一方面，由于现行的制度安排仍然是以传统权力体制为依据，社会组织在权益表达上被行政权力所限制，以至社会组织参与食品安全监管缺乏足够的法律保障和自主空间。另一方面，我国长期实行的计划分配体制阻碍了公共事务管理的社会性参与，影响了各种社会组织的产生和发展。尤其是能参与食品安全监督的专业性社会组织的发展更是良莠不齐。即便有部分社会组织介入食品安全监管，也是在行政部门的裹挟下开展的，缺乏足够的独立自主性，因而显得能力不足，效果不佳。可见，在我国食品安全监管的组织结构体系中，无论是组织内部还是组织之间，监管功能并未能有效整合起来，相互之间的隔阂甚至矛盾反而降低了其本应发挥的积极作用，在一定程度上给食品安全问题的形成发展提供了可乘之机。

3. 食品安全监管方式整合程度低

食品安全问题监管方式包括法制监管、行政监管、市场监管和社会监管等多种方式。长期以来我国形成了行政监管绝对化、制度监管运动化、市场监管空心化、社会监管边缘化的格局，各种监管方式之间各行其是，缺乏足够的协调整合。

一方面，由于我国受长期计划经济时代政府全方位管制模式的影响，在一些地方行政权力凌驾于法律之上，导致单一的政府监管方式在一些公共管理活动中权力过大。在食品安全监管中则表现为：以罚代法、以权代管、以"运动式"监管代替长效监管、以"专项治理"代替"社会监管"。使得行政权力失去合理边界，导致权力滥用或者无用，不能对食品安全实施有效监控。

另一方面，行政权力的肆意扩张使其他监管方式无法得到足够的重视和有效应用。社会监管基本处于自为状态，因其常常得不到行政部门的及时响应与配合而显得力量薄弱，甚至无能为力。再加之监管理念与监管主体的碎片化则再一次强化了监管方式的强制命令和流程分割，为食品安全事故的爆发埋下了隐患。这从一定意义上说明了行政监管部门在处理复杂、多样化的食品安全问题上存在明显的能力缺陷，也尚未构建一个政府、市场、社会三方充分协调合作的管制格局，更不能提供公民所需求的"一站式"相互衔接的监管服务[112]。

所以，如何进一步加强社会整合，不仅仅要体现在食品安全治理的顶层理论设计、组织机构调整上，更要在基层食品安全治理体系建设上，将各种食品安全的社会控制主体的功能整合起来，将具体食品安全信息整合起来，以便形成真正一体化的食品安全整体治理。

第三章

越轨与矫正：食品安全
问题的社会控制

因为越轨行为违背了普遍且重要的社会规范，它必然对社会秩序和社会发展造成破坏，所以社会统治者必定会采取措施尽最大可能地制止这种行为并惩罚越轨者，以试图减少甚至消除其不良危害，以确保社会规范得到维护，社会秩序得以稳定。这种"旨在防止越轨并鼓励遵从规范的努力"就是社会控制[113]。从这个意义上来说，社会控制是伴随社会越轨而产生的，有社会越轨就会有社会控制。食品安全问题作为一种社会越轨现象出现，对消费者身体健康、公共安全以及社会其他方面产生了消极影响。因此，对食品安全问题进行必要的社会控制，以保障公民的身心健康，维护良好的社会秩序，保障社会稳定发展，也是社会管理必须履行的一项基本职责。

第一节　社会控制与食品安全问题

一、对越轨的社会控制

1. 社会控制的形成

社会控制最先由美国社会学家 E. A. 罗斯提出。罗斯认为在早期人类社会，人们生活在一个紧密联系的社群当中，社群关系主要通过亲属关系和小社区的社会力量来控制。在这样的社群当中，大家彼此认识，共同分享同样的经历、信仰、价值、愿望和行为方式，社会文化具有高度的同质性。这种社会秩序的存在和维护是靠人性中天生的"自然秩序"起作用，包括同情心、互助性和正义感。人类在这种自然秩序的社会中，相互同情，相互制约，和平相处。社会维持平稳和谐状态。但是随着社会经济的分工越来越细，政治的组织化、社会的复杂化和多元化程度提高，人类关系逐渐变得客观化和非个人化，

"以稳定的不受人的情感影响的关系逐渐取代无常的私人关系"[114]。因此，原来的通过相似性、熟悉和面对面的交往来保证的社会团结遭到破坏。人口密集的大都市变得以匿名、世俗以及成员之间的社会距离为特征。人类社会团结的本质由涂尔干所描述的机械团结转变为有机团结。在这种新的团结社会中，人情关系的数量和治理变得日益肤浅和贫乏，以致单纯依靠情感归属维持的自然社会秩序遭到破坏，各种违规、犯罪等越轨行为便出现了。社会要继续生存发展下去，就必须有一种新的社会机制来制约人们的行为，对越轨行为进行矫正，维持社会秩序的良性运行。这种社会制约机制便是社会控制。在社会学家们看来，社会控制可分为广义社会控制与狭义社会控制两种类型。凡是通过社会规范以及与之相应的手段对社会成员的行为方式、价值观念以及各种社会关系进行指导、调节和约束的过程称为广义社会控制。凡是通过对越轨行为进行教育和惩戒使其遵守社会规范并停止越轨行为的过程称为狭义社会控制[115]。一般而言，我们所说的社会控制是指广义层面上的社会控制。

2. 社会控制的方式

社会学家们根据不同的标准对社会控制方式进行了分类。戴维·波普尔认为，对越轨的社会控制包括内在控制与外在控制两种方式。所谓内在社会控制是指那些通过引导主体进行自我激励并以此为行动依据的控制方式。内化是某个人或群体对社会规范的认同，它源于人的自制，它需要通过社会化过程影响社会成员。社会成员在社会互动过程中将社会规范内化为自觉意识与行为准则，以此指导和控制自己的行为。社会规范一旦内化成功，人们通常会持续遵守。所以，内化对越轨行为是进行社会控制的最有效途径。这类控制方式的部门在我国主要是宣传、教育、组织人事部门。外在控制是以各种社会规范为手段通过外在压力来控制人们行为的方式。正式的社会控制是指专门的社会控制机构，如法院、警察、军队、监狱等其他专门的社会组织，通过运用社会赋予的特殊权利和资源，对社会对象所实施的强制性社会控制。社会统治者对社会的外在控制主要是通过正式控制方式实现的。非正式社会控制是社会成员在日常生活中自发形成的，它对社会行为和人际关系的影响主要通过嘲讽、否定、排斥、肯定等社会舆论以及风俗习惯等方式实现，而不需要正式社会组织或专门人员来负责实施。这类社会控制对那种群体规模较小、交往较为密切，而且关系比较稳定的社会群体具有明显的作用。虽然现代社会主要是通过正式方式实现社会控制，但在特定的社会条件下，通过非正式方式对社会进行控制仍然是必不可少的，其作用也是很明显的。

后来的社会学者还从不同角度对社会控制的方式手段进行了更加细化的分类。如我国著名社会学家郑杭生教授将社会控制方式分为相互对应的多种形式，包括"积极性控制与消极性控制、外在控制与内在控制、制度化控制与非制度化控制、宏观控制与微观控制、硬性控制与软性控制"。詹姆斯·克里斯把社会控制分为是非正式控制、法律控制和医疗控制三种形式。克里斯还特别强调，医疗控制成为现代社会控制的手段，将日益重要。他认为，人类在原始社会向现代社会的转变中，关于越轨行为的社会观点已经发生了改变，早期社会把越轨视为道德无知或罪孽，现代早期则把越轨行为视为根源于不良基因和功利行动，而在现代晚期和后现代越轨行为倾向被视为一种疾病，需要治疗和恢复。随着医学和与之相关的专业和职业群体的发展，医学社会控制的作用变得显著[116]。

在众多的控制方式当中，法律控制始终是最主要的方式，受到普遍重视和广泛采用。任何社会和国家都会通过制定特定的法律制度作为最基本的社会规范形式。对此，庞德认为，在某种意义上，法律是发达政治组织化社会里高度专门化的社会控制形式——即通过有系统、有秩序地适用这种社会的暴力而达到的社会控制[117]。

当然无论研究者们对社会控制进行如何分类，都只是从不同角度解释不同社会控制方式的作用特征及其适应对象，也告诉人们应该针对不同越轨行为的特点，选择适当的控制手段进行约束。不管出现何种形式的越轨行为，统治者总会采取适当控制手段来加以约束和矫正。而且在实施过程中，各种控制手段和方式之间应相互补充，彼此配合，形成一个有机的社会控制体系。

3. 社会控制的功能

由于价值观的多样性和利益追求的差异性，使得社会成员的行为方式呈现多维性与冲突性。而社会管理者需要通过社会控制对违背社会规范的越轨行为进行引导和协调，以减少其对社会秩序造成的破坏。因此，社会控制的基本功能是保证社会价值观与行为方式在主流社会规范中的统一有序，具体表现为以下三个方面：其一，社会控制为社会成员提供合乎社会规范的主导价值观念以及共同行为模式，以此调适人际关系，制约和指导各种社会行为。其二，社会控制可规定各社会群体或社会集团的社会地位、社会权利和义务，并将他们之间的利益竞争限制在一定的合理范围之内，以避免因权益矛盾而产生大规模的对抗性冲突。其三，社会控制可协调各个社会子系统的运行。它通过调节各系统之间的关系，修正运行轨道、运行方向和运行速率，使整个社会系统以及各子系统达到功能耦合、结构协调、相互配套的状态，最终促进社会运行系统整体同步，保障社会的良性运行和协调发展[118]。

二、我国食品安全问题的演变表征

随着我国经济实力的不断发展，人们的物质生活水平越来越高。人们对食品的关注重心从量的满足转向质的要求，特别是对食品卫生、营养与健康的要求越来越重视。但与此同时，食品安全问题也越来越严重，甚至演变成为一个重大的社会公共危机，引起全社会的广泛关注。根据各方面的调查和分析，我国当前食品安全问题的发展状况呈现如下基本特点。

1. 食品安全事故空间分布广泛，且与经济发展程度正相关

根据 2004—2011 年我国食品安全事故的统计显示，食品安全事故几乎在我国所有省级行政区域全面爆发，地域分布十分广泛，而且呈现由西向东逐渐递增的特征，东部地区的事故数量远远高出中西部地区，成为食品安全事故的高发区。这种大范围事故爆发的特征反映了我国食品安全事故已经发展到了一个几近失控的严峻地步，加快对食品安全形势进行全面控制势在必行。据相关研究数据统计显示，食品安全事故发生率排在前五位的地区分别为北京、广东、山东、上海、浙江[119]，而这些地区均为经济发达区域。有学者进一步研究认为，食品安全事故发生的这一地理分布特征与该地区餐饮营业额存在

较强的正相关性[120]。如图 3-1 所示。

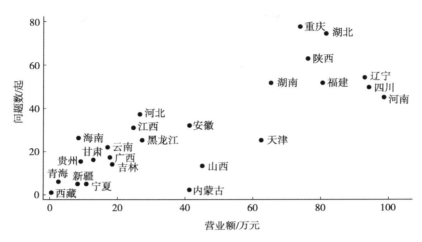

图 3-1　食品安全问题频次与餐饮业营业额

　　一方面，无论是经济发达地区还是欠发达地区，只要食品安全监督不到位、不严格，事故发生就在所难免。它反映的是整个食品安全监督体系的问题，不是某个局部或者某个区域的问题。另一方面，经济发达地区的食品安全事故发生的概率要高于欠发达地区。其主要原因是经济发达地区的人口总量高、密度大、流动性强，对各种食品的需求较大，食品生产经营者数量也更庞大。因而食品安全监管的难度也随之增大，这必然使得食品安全事故的发生率也就相对较高。

2. 食品安全事故呈跨界、快速传播趋势

　　随着现代食品工业的飞速发展，交通物流业的日益发达，以及行业领域之间的相互渗透越来越密切，各种食品通过多种渠道和方式进行跨界快速传播。一方面拉动了工业经济的发展，进一步满足了消费者对食品的多样化需求。但食品的跨界快速传播也带动了不安全因素的跨界扩散，甚至在传播过程中又产生新的不安全因素，使得食品安全形势进一步严峻。比如包装设施损坏、包装设施产生化学变化、运输存储时间过长等导致食品受到污染、变质、过期等。另一方面，由于一些基础性食材被添加到其他食品加工制作当中，一旦这种基础食材有不安全因素，会导致整个相关下游食品产业遭到整体污染。这无疑进一步加速了食品安全事故的蔓延，扩大了食品安

全问题的影响范围。比如，2008 年"三聚氰胺"奶粉事件爆发以后，事件不断发酵，迅速蔓延，在相关行业、产业领域产生一系列连锁反应。纵观整个奶粉事件的发展过程，呈现了明显的多向度跨界传播特征。

第一是跨行业传播，即从奶牛养殖到奶粉制造到资本金融到出口贸易传播。"三聚氰胺"奶粉事件不仅给奶粉制售行业造成直接打击，致该行业大面积停产，数万名工人失业，还很快波及牛奶养殖行业。由于鲜奶不能及时收购，很多奶农不得不忍痛倒掉牛奶，杀掉奶牛。由于产品质量问题给企业信誉带来重大影响，三鹿集团的双汇发展股价跌停，市值蒸发 103 亿元，资本金融市场遭到重创。此外，我国的进出口贸易也受到重大影响。据统计，因受到国内食品安全问题形势的影响，2009 年我国谷物、玉米、大米、蔬菜等各类农产品出口同比有大幅度下降。

第二是跨地域传播，即从地方到全国再到国外传播。在"三鹿奶粉"事件被曝光后，国家对全国范围内的各地婴幼儿品牌奶粉进行全面检测。据国家质检总局的检查结果，除了河北三鹿以外，还有内蒙古、青岛、湖南、上海、山西、江西、广东等各地的 22 家品牌奶粉均查出含有三聚氰胺。此外，香港、台湾、新加坡等地也陆续发现由中国产制的相关奶制品均检测出含有三聚氰胺，并被要求下架处理。此后，事件影响还继续由国内向国外蔓延，先后又有欧盟、英国、加拿大、法国、意大利等近 30 个国家和地区全面或部分禁止进口和销售中国奶制品及相关产品。

第三是跨领域传播，即从经济领域向社会领域到政治领域传播。"三聚氰胺"奶粉事件不仅直接损害了消费者的身体健康，也给经济领域带来巨大损失。一方面，受到影响的是从事奶制品生产、加工、销售的企业和工人，再是地方财税收入减少，以致国家进出口贸易也有一定幅度的下降。随着事件的不断发酵，特别是在其他食品安全事故以及新闻媒体的助推下，奶粉事件从一个单纯的经济事件升级为一场影响深远的社会危机。消费者对企业和市场的信任感、社会的安全感大大降低，以致不少民众心生恐慌到了"谈食色变"的程度。另一方面，这一负面社会事件对社会道德与伦理底线也是一种莫大的伤害。因此，这种社会影响的积累对社会秩序和社会稳定都是一种潜在的隐患，甚至危及政府的合法性。最终，"三鹿奶粉"事件的事后处理将这一事件推向政治领域，地方和中央一系列与事件相关的行政部门负责人遭到撤职甚至判刑处理。另外，国家通过修订法律、调整机构、加强监管、加重处罚、加大宣传等一系列政策措施将食品安全问题列入国家政策议程。

3. 食品安全事故在食品链中多点爆发，尤以生产加工领域为甚

食品供应链关联环节较多，主要涉及农产品种收、食品加工、食品流通、消费四个大环节和农产品生产种植，农产品存储、收购、运输，农产品初加工，食品深加工，食品包装、存储、运输，批发零售，餐厅消费和家庭食用八个细分环节。任何一个环节监督管理不善，都有可能引发食品安全事故。根据相关调查数据统计显示，我国食品安全问题在农产品种收、食品加工、食品流通和消费各大环节均有发生，发生率分别为 6.1％、63.9％、18.6％和 11.4％，其中食品加工环节的事故最为严重。而具体到供应链的细分环节，食品加工、批发零售、餐厅和农产品种植养殖等环节比较容易出现食品安全问题，如图 3-2 所示[121]。

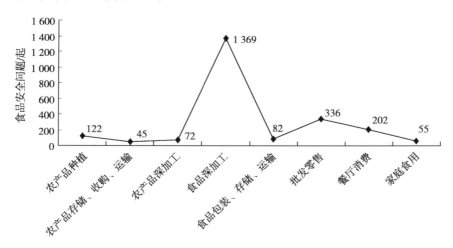

图 3-2 细分供应链环节与食品安全问题爆发频次

具体而言，在这些环节中，由于农产品种植、养殖过程中农药、化肥及添加剂等使用过量；农产品流通过程中使用不合格原材料及添

加有害化学物质；农产品及食品加工过程中添加剂使用不当及添加有害化学物质；食品流通过程中添加有害化学物质以及包装运输工具不卫生；食品销售和消费过程中添加剂不当和卫生条件不合格、异物加上错误认知，细菌、微生物污染等因素是造成食品安全问题的主要原因。

4. 食品安全事故的责任主体分散，以小企业和私人小作坊为主

我国是人口基数和食品消费的大国，因此存在大量从事食品生产经营的小型企业和个体商户。由于他们数量巨大，规模小，分布广泛，流动性强，且大多属于自产自销，监管难度大，所以我国大量食品安全事故主要由小企业和小作坊引起的。相关统计研究表明，由小企业引发的食品安全事故占到 53.5%，小作坊占到 17.5%，两者之和共占到 70%。除此之外，商贩占了 9.7%，知名企业占了 7.7%，跨国公司占了 5.1%，农民占了 4.9%，而个人因素占了 1.7%，如图 3-3 所示[122]。其中，小食品加工企业甚至一些知名食品企业在食品中的违规使用添加剂和造假，小作坊的食品生产卫生条件较差、食物中有异物，农民在种植、养殖中不适当使用农药、化肥，商贩随意添加添加剂是导致食品安全问题的主要原因。当然，一些国内知名大企业与跨国公司也存在违规使用添加剂的问题，而且其事故影响范围更广，后果更严重。由于食品安全事故的责任主体小而多，且零散分布，十分不利于统一监管，特别是现有以政府部门为主体的食品安全监管模式难以做到全面、准确的监控。

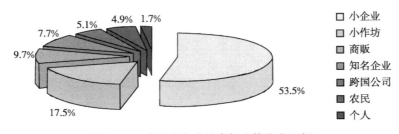

图 3-3 食品安全事故责任主体分布比例

5. 食品安全管理体系"碎片化"比较严重，整合程度低

为了加强食品安全管理，从 1995 年的《食品卫生法》到 2004 年的《国务院关于进一步加强食品安全工作的决定》，我国先后制定颁布了一系列有关食品安全的法律法规，并以此为基础建立了以"分段管理为主，品种管理为辅"为特征的食品安全监管体制。具体来说，就是在食品产业链的生产、流通、销售和消费四个主要环节，分别由农业、质检、工商、卫生和食品药品监督等部门根据部门职能划分在不同环节执行食品安全监管责任。国家食品药品监督管理总局主要负责综合协调、组织监督以及查处重大食品安全事故。2009年国务院食品安全委员会的设立意味着其管辖权力更高，职能整合与协调功能得到进一步强化。但在实践当中，这种以官僚制为运作机制的管理体制不可避免地存在"政策目标与实现手段相互冲突，公共资源重复浪费，机构设置重叠，公民需求容易被忽视，公共服务明显分散、公共行动不连贯"等问题，从而导致食品安全监管严重的碎片化[123]。

第一，从监管主体关系来看。我国新颁布的《食品安全法》明确赋予了任何组织与个人有权举报食品生产经营中的各种违法行为，也有权向相关部门了解食品安全信息，对食品安全进行监督。但事实上，行政权力高度集中的食品安全监管体制并没有给社会力量留有一席之地。一方面，现有等级化、程序化的规制安排让各级行政机构在监管权力分配格局中处于绝对支配地位，而社会力量在诉求表达、监督参与、利益分配上处于边缘化位置，导致社会性参与的制度环境严重缺失，单一政府的行政监管依旧盛行。另一方面，为了获得自身生存发展的利益，游离在制度边缘的社会组织在履行食品安全监管辅助职能时，不得不屈尊于某种政治需求或被利益集团所俘获，从而做出不利于消费者健康的建议和报告，以致其社会信任严重不足。再加上各社会主体之间缺乏有效沟通、彼此信任的传统，这在很大程度上削弱了其他社会主体行使食品安全监管的能力，难以形成对食品安全进行多元共治的良好局面。

第二，从监管方式来看。食品从农产品转移到消费者手中是一个有机连续的过程。食品链条上的任何一个不安全因素都有可能引发食品安全事件，甚至向多个方向发散辐射。因此，要实现食品安全的有效监管，必须对整个食品链进行全程管控，从生产环境、生产要素，进而对食品生产、加工、包装、贮存、销售和进出口等环节进行无缝化监管。但受分段、分品种管理模式流弊的影响，我国对发生在特定环节的食品安全问题由相应的主管部门单独负责，很少进行协调合作。食品安全监管的常规形式包括：一是强制性监管，这种监管通常是以简单的罚款代替治理，以行政专制代替管理，抵消了政府提供食品安全服务的基本职责；二是"运动式"监管，这种监管往往在食品安全问题出现以后，进行"专项治理""特殊巡查"和"专项检查"等[124]。这种随机性的监管方式将原本应该随着食品安全链而形成的系统化监管行为撕裂成碎片化，每个部门从各自的职能范围和利益诉求出发，采取各自的方式处理食品安全问题。这种"头痛医头，脚痛医脚"的应激性管理方式很难将相关部门的行动统一起来，无法从根本上解决食品安全问题。

三、食品安全社会控制的逻辑必然

从上述分析来看，我国食品安全问题的情况复杂，形势严峻，对其进行及时有效的遏制是保护消费者身体健康、维护正常社会秩序和保障社会良性运行的必然要求。

1. 食品安全问题的普遍性必须实施全面的社会控制

现实表明，我国当前食品安全问题的发生不论在地理空间、产业领域还是在产业环节上，均呈现全面爆发的态势，已演变成为一个重大的社会公共问题，给当前消费者的身体健康、社会秩序、经济发展、政府合法性、道德诚信等方面产生了广泛而深远的负面影响。这种全面爆发与影响深远的态势使得任何社会主体单凭一己之力都难以完全应对，就连拥有对社会绝对控制权力的政府部门在面对无处不在、层出不穷的食品安全事件时也应接不暇，顾此失彼。因此，我们必须构建一个系统的食品安全社会控制体系对食品安全问题进行全面控制。对食品安全问题进行全面的社会控制，主要体现在两个方面。

一是指食品安全进行控制的时空范围的普遍性。也就是说要在全国各地建立严格的食品安全控制体系。无论是在经济发达地区还是在落后地区，都要建立食品安全控制体系。尤其是经济发达地区，食品安全事故发生的概率更大。经济增长、发财致富并不是纵容食品安全问题蔓延的挡箭牌，反而更应该借助技术、资金、人才和信息的优势构筑坚实的食品安全防控体系。当然，经济落后、技术薄弱也不是欠发达地区不重视食品安全治理的借口，更应当自觉维护食品安全。另外，无论是食品安全事故频发时期，还是食品比较安全时期，各社会主体对食品安全生产经营活动加强监管，严格执法，诚信经营，提高安全意识也是防治食品安全越轨行为的必然要求。

二是指食品安全进行社会控制的对象具有普遍性。这是指全部社会成员都必须在社会规范之内行动，共同维护社会秩序。它是对社会的一致性要求，超越了少数个人的利益诉求。即便有些社会控制只代表了部分阶级的意志，但也会通过一定的途径和方式将其转化为全社会的共同意志加以实施。维护食品安全是全社会的共同诉求，任何组织和个人都不能将私人利益凌驾于公共利益之上。无论是大型企业，还是民间作坊，抑或个体经营；无论是公共部门，还是 NGO，抑或个体消费者；无论是公权力量，还是社会舆论，都应该成为维护食品安全的自觉主体，都应该积极参与到抗击食品安全问题的统一战线上来。面对不安全食品的侵害，没有人可以独善其身。所以，调动全社会的力量共同阻滞不安全食品的生产与传播，才能真正掌控并扭转危机局势。

2. 食品安全问题的复杂性必须实施多样性的社会控制

从当前局势来看，诱发食品安全问题的因素复杂多样，而且各种因素彼此交织，相互勾连，很难说抓住食品链中的某个环节或某个因素，采取某种措施就能彻底解决所有问题。更何况每一种手段和措施都有其效用范围和内在不足。这就决定了对食品安全问题的控制手段应该是多样化的。比如在"三鹿奶粉"事件中，三聚氰胺的生产者是事件的始作俑者，而奶站经销商一手勾兑了有毒奶粉。事件初期，三鹿集团阻滞事件曝光，没有及时停止销售或者召回问题产品，相关行政监管部门也没有及时介入展开调查，进行危机预控，甚至故意瞒报。这些因素一步一步导致事件走向恶化，致使大量儿童受到伤害。可见，从奶站、经销商、检测机构、监管部门、企业到政府官员，没有哪个环节是没有问题的，没有哪个主体是没有责任的。在事故处理过程中，无论是管理、法律还是道德，每一种方式都应发挥其作用。

但没有哪种手段能单独应对这种连锁反应式的安全事件。在社会学家看来,控制社会越轨的手段即包括传统的亲情、血缘、信仰、习俗、宗法和道德,也包括政治、法律、纪律、规章,它的方式既有自我感知、说服教育、宣传灌输,也有惩罚、威慑、制裁等。社会管理者应根据不同对象和情况交替、组合使用不同的手段和方式实施控制,形成多重社会控制网络。所以,法律威慑、行政制裁、规制制约、媒体曝光、公众监督、宣传教育、道德感化、知识更新等,都是实现食品安全社会控制的必要手段,缺少其中任何一种都将成为维护食品安全的短板。

3. 食品安全问题性质的恶劣性必须实行强制性社会控制

从现实来看,我国一些食品安全事件的手段可以说是触目惊心、令人发指,根本就是唯利是图,无视他人的健康和利益,丧失了起码的道德与良知。比如"地沟油""敌敌畏火腿""毒生姜""毒豆芽""染色馒头""瘦肉精""陈化粮""回收奶""皮革酸奶""毒胶囊"等不一而足,这些都对人的身体健康产生严重危害。而且事实上,绝大多数不安全食品的生产者本身清楚这些有毒食品的不安全性,其生产过程也不存在专业技术门槛或者知识无知,有些制假贩假者甚至明确表示他们不会食用自己生产的食品,而只是卖给他人。他们的唯一目的就是降低成本,扩大销售,利益最大化,这充分暴露了违规行为性质上的主观恶意,也就是说他们明知这种行为会造成某种危害结果而故意为之,或放任某种危害发生。这种行为的性质更为恶劣,造成的社会影响更严重。就目的而言,社会控制就是要全体社会成员遵循社会规范,不管愿不愿意都得遵守执行,对不愿遵守规范的社会成员,它会采取惩罚性强制措施迫使其遵守规范。尤其是在阶级社会中,社会控制在很大程度上体现阶级压迫和阶级统治。即强迫被统治阶级服从统治阶级的意志。强制性还体现在如果不服从规范,就会受到社会的压力或惩罚,迫使其不敢甚至不能再破坏社会规则。所以,针对这种有意制造、贩卖不安全食品的恶劣行为,必须采取严格的强制措施,进行严格规范和严厉打击,才能起到震慑作用。

总之,对食品安全问题实施社会控制是社会机体的自发反应和自我调节的结果,是维护社会秩序与社会结构稳定的必要手段。当然,这里所指的社会控制并不是阶级社会的绝对政治统治与人身控制，它是一种必不可少的社会运行的调控机制。通过调控机制将社会矛盾控制在一个适度的范围内，以防止社会结构和社会秩序遭到破坏，影响到社会的发展。一个社会问题出现并产生一定的社会影响时，社会管理者就会动员各种社会力量对其采取必要的措施进行控制，比如，采取措施阻止其消极影响进一步恶化，对已产生的后果进行及时有效处置，采取相关措施预防类似问题再次出现。

第二节　我国食品安全社会控制的历史变迁

食品安全问题不仅是一个社会问题，也是一个历史问题。各个社会历史时期都会发生食品安全问题，只是不同时期的食品安全问题表现形式各异，严重程度不同。因此对食品安全问题采取的社会控制方式和手段也有所不同。根据不同社会历史时期，食品安全社会控制的方式、特点和原因的差异，我国食品安全社会控制演变历程大致分为"自主控制"时期、"行政控制"时期与"多元控制"时期三个阶段。

一、食品安全"自主控制"时期（1949—1978 年）

自 1949 年中华人民共和国成立到 1978 年改革开放 30 年间，特别是新中国成立初期，我国面临百废待兴的局面，工农业生产遭到严重破坏，食物供应严重匮乏，社会面临巨大的温饱问题。所以，当时国家要解决的最大的食品安全问题就是尽快生产足够的食品，以最大限度满足人民群众对食品量的需求。因此提高农业生产率、增加农产品产量是当时解决食品安全问题的最主要策略。相比之下，人们对食品在卫生、健康等方面的安全性要求不高。与此同时，由于卫生、不安全因素导致的重大食品安全问题也并不严重。因此，这个时期的食品安全问题在整个社会公共事务中并不是一个突出的社会问题，而保障食品安全主要是依靠生产经营者的自我约束和自我管理，可以说是处于一种自主控制的状态。

一方面，从整个社会背景来看。当时的社会处于计划经济时代，国家的经济结构是以国有经济为主要形式，其次是集体经济，而个体经济很少。食品生产、经营、分配、消费的各个环节都是在行政指令下按照计划进行集中生产,统一分配,无论是食品的需求结构,还是食品的供给结构都相对稳定和单一,所以缺乏食品安全事故发生的客观条件。此外,当时社会风气淳朴,思想单纯,人们也没有为了个人利益而制售假冒伪劣食品的心理动机和社会机会。所以,在当时的食品生产经营过程中,人们遵守食品卫生安全规定是一种自觉自发行为,不需要太多外在约束。

另一方面,从食品安全具体事务管理来看。当时食品安全事务管理主要是指食品卫生监督。新中国成立后到 1970 年,负责食品卫生监督的部门及其职能主要有:中央人民政府商业部承担食品生产经营及其卫生管理的职能,中央人民政府对外贸易部进出口商品检验局承担进出口食品卫生管理职能,中央工商行政管理局和工商行政管理局承担对食品市场进行管理的职能。20 世纪 70 年代后,全国食品卫生标准管理主要由国家标准计量局和国家标准总局负责;地方食品、油脂、酿盐业、制糖、等管理职能由食品供应部、地方工业部、轻工业部和第一轻工业部负责。这些机构主要执行食品卫生监督职能,重点指向生产经营的卫生条件,而非食品安全监管,且管理分散,职能重叠,部门之间缺乏沟通。正是因为没有建立完全独立的国家食品监督体制,真正代表国家履行食品卫生监督职能的卫生行政部门是卫生防疫司下设的食品卫生监督局。而且它是一个不具有法律强制力的监督机构,也缺乏统一的食品安全法规。可见,这个时期的食品卫生监督职能很薄弱,国家对食品卫生尚未实行真正意义上的监督控制。

二、食品安全"行政控制"时期(1979—2003 年)

1978 年改革开放以后,我国经济结构由计划经济向市场经济转变,由国家统一组织、计划分配的生产经营方式被以市场为导向的生产经营方式所取代,生产活力得到完全释放,食品工业获得了蓬勃发展,从事各种食品生产经营的私营个体大量涌现,食品生产经营方式也不断更新,食品的市场供应大幅度增长。在食品数量需求基本得到解决的同时,人们对食品质量的要求也不断提高,食品安全意识也逐渐增强。特别是从 20 世纪 90 年代开始,国内外一系列重大食品安全事故的爆发，比如国外 1996 年"疯牛病"事件、1999 年的"二噁英"事件、2000 年的"口蹄疫"事件，我国 2000 年的"毒大米"事件、"毒瓜子"事件、2001 年的"瘦肉精"事件、"万方牌豆奶中毒"事件、"冠生园陈馅月饼"事件、2002 年的"假白糖"事件、"假猪血"事件、2003 年的"双氧水鱼翅"事件、"毒海带"事件、"敌敌畏火腿"事件等。这些食品安全事件的连续爆发使全社会立即增强了对食品安全问题的重视，国家行政部门加大了对食品安全的控制力度。

为了打击食品安全违法违规行为，国家先后出台了一系列食品安全法律法规，调整了食品安全监管机构的设置，强化了行政部门的监管职能，采取了一系列保障食品安全的专项治理措施，加强了对食品安全问题的监管。《中华人民共和国食品卫生管理条例》于 1979 年由国务院正式颁布实施，国家卫生部被赋予监督执行卫生法令，对本行政区内食品卫生进行监督管理、抽查检验等职能。1982 年，《中华人民共和国食品卫生法（试行）》首次以法律形式确定县级以上卫生防疫站或食品卫生监督检验所作为唯一的食品卫生监督机构。1995 年颁布实施的《中华人民共和国食品卫生法》标志着以卫生部门为主的食品安全监管格局的正式形成。其中，食品卫生标准的制定由卫生部负责，农牧渔业产品的安全管制和动植物检疫由农牧渔业部负责，食品市场秩序维护由国家工商行政管理局负责，食品检测和质量监督由国家经贸委直属的国家计量总局负责，食品工业管理的职权由轻工业部、商业部、农业部共同负责，进出口食品安全卫士检验和监督由对外经济贸易部进出口商品检验总局负责。此外，我国还提出了"无公害食品行动计划""绿色食品""有机食品"等模式以加强食品安全控制。

食品卫生安全监督机构的独立与法律地位的确立，标志着我国以卫生行政部门为主体的食品安全监管体系已经确立。可以说，我国的食品安全社会控制模式由自主控制向行政控制转型。

三、食品安全"多元控制"时期（2004 年至今）

自 2003 年以后，我国食品安全形势变得更加严峻，一系列食品安全事件密集爆发。食品安全问题遍布整个食品链的各个环节，形形色色的违规手法，更为严重的后果，跨界快速传播的发展趋势，使食品安全问题演变成一场严峻的社会危机，给我国的经济生产、社会生活乃至国际贸易、国际声誉都造成了极为恶劣的影响。

比如 2004 年的大头娃娃奶粉、陈化粮、龙口粉丝等事件；2005 年的如皋市假酒村、肯德基苏丹红、毒果脯、PVC 致癌保鲜膜等事件；2006 年的苏丹红鸭蛋、嗑药多宝鱼、瘦肉精、福寿螺中毒等事件；2007 年的水饺葡萄球菌超标等事件；2008 年的三聚氰胺奶粉、人造新鲜红枣、柑橘生蛆等事件；2009 年的王老吉夏枯草等事件；2010 年的一滴香、毒奶粉、伪紫砂、地沟油、毒豇豆等事件；2011 年的台湾饮料瓶塑化剂、回炉面包、硫磺姜、牛肉膏、染色馒头、瘦肉精、皮革奶等事件；2012 年的肯德基速成鸡、敌敌畏储存生姜、毒胶囊、松香鸭、老酸奶果冻等事件；2013 年的新西兰双氰胺奶粉、镉大米、农夫山泉超标、掺假羊肉、肯德基、真功夫等冰块菌落超标、地沟油、方便面含重金属、纸塑包装"塑化剂"等事件。

为有效遏制食品安全形势不断恶化的趋势，国内掀起了一场应对食品安全危机的社会阻击战，各种社会主体纷纷加入，并通过机构设置、完善法制、健全机制等方式，运用行政、法律、市场、舆论等手段形成了食品安全监管的新格局。2003 年国家食品药品监督管理总局正式成立，主要担负食品、保健品、化妆品的综合安全监督、组织协调和事故查处职能，负责向国务院直接报告食品安全管理工作。同时，由农业部、质检总局、工商总局、商务部、卫生部等中央机构负责对食品链的种养、加工、流通、消费等不同环节的食品安全进行管理。另外，国家发改委、财政、宣传、公共安全等部门也以不同方式参与到食品安全管理工作当中。由各级地方政府全面负责、统一领导、组织协调本地的食品安全监管工作，并依照中央的建制建立类似的食品安全监管专门机构。2008 年 3 月，国家食品药品监督管理总局改由卫生部管理，卫生部便承担起食品安全综合协调、组织查处食品安全重大事故的责任，国家食品药品监督管理总局则负责食品卫生许可，监管餐饮业、食堂等消费环节食品安全。2009 年 6 月《食品安全法》的实施，明确了食品安全委员会作为最高层次的议事协调机构，卫生行政部门主要负责食品安全信息公布、食品检验机构资质认定和检验范围制定、食品安全风险评估、食品安全标准制定以及组织查处重大食品安全事故，正式明确了食品安全协调机构的法定职责。

由此构建了食安委主导下的，以"分段管理为主、品种监管为辅"的食品安全监管体系，这意味着我国食品安全监管进入了一个新的时期。我国食品安全管理体制如图 3-4 所示。

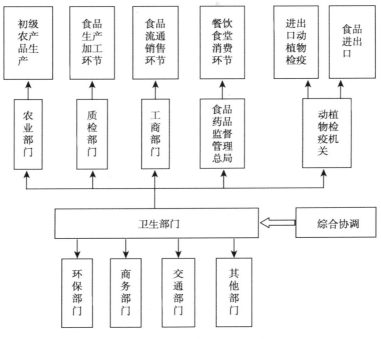

图 3-4　我国食品安全管理体制结构

　　在这一时期，除了政府部门以外，还有其他新兴社会主体参与到食品安全控制中，并发挥了重要作用，如新闻媒体、社会组织和消费者。近几年来，很多重大食品安全事件均是在新闻媒体报道后才引起社会的广泛关注，并在媒体监督下得到了相应处理。其中网络、电视、报纸在食品安全事件监管中发挥了首当其冲的作用。据研究，2008 年"三鹿奶粉"事件发生后短短 20 天内，新华网对该事件的各种新闻报道数量达 650 篇[125]。特别是中央电视台的《新闻 30 分》《焦点访谈》和《每周质量报告》等节目以高收视率在食品安全问题监督上发挥了积极作用。有研究表明，《人民日报》对食品安全事件的报道从 2004 年开始就发生了明显变化：2004 年报道"阜阳奶粉"事件 41 篇，2005 年报道"苏丹红"事件 28 篇，2008 年报道"三鹿奶粉"事件增至 151 篇，其报道数量之大、频率之高、体裁之多，且角度广泛、内容平衡、透明度高都是前所未有的[126]。

在 2012 年的全国食品安全宣传周启动仪式上，国务院新闻办副主任王国庆指出，食品安全问题已经成为当前我国社会高度关注的焦点问题。广大新闻媒体在积极回应社会高度关切，广泛而深入报道食品安全现象、分析食品安全工作成绩与问题上都发挥着重要的舆论监督作用，成为保障食品安全的一支重要新兴力量，有效提高了公众自我保护意识和防范能力，有力推动了社会诚信体系的建设[127]。

四、我国食品安全社会控制历史变迁的评析

由于不同历史时期的食品安全形势不同，国家实施食品安全社会控制的目标、任务也不一样。因此在不同的社会发展阶段，食品安全的社会控制主体、控制方式和控制效果也表现出不同的特征。从根本上来看，这种食品安全社会控制的差异性是由不同历史阶段的食品安全形势所决定的，也是由社会公众对食品安全的不同需要所决定的。

1. 我国食品安全社会控制的变迁特征

（1）食品安全"自主控制"的特征。 在食品安全"自主控制"时期，食品安全的最大目标是粮食供应安全，即确保为人民群众提供足够数量的食品。这个时期的食品生产主要以主食为主，食物品种相对单一，食物种植、养殖、加工生产过程相对简单，尤其是在国家集中统一管理下，食品安全问题并不突出，特别是人为故意制假造假的食品安全事件鲜有发生。因而，针对食品安全控制的整体意识并不明显，国家对食品安全的监管也相对薄弱。总的来说，这一阶段的食品安全控制以"自主控制"为主要特征。也就是说食品安全主要是依靠食品生产经营部门自觉遵守生产经营规章制度，自主维护他人健康的内在力量所实现的。这种内在力量类似于罗斯提出的存在于早期人类社会人性中天生的"自然秩序"，即人们通过人性中自然的同情心、互助性和正义感相互制约，和平共处，自觉维护稳定和谐的社会秩序。这种内在的自然秩序与当时的社会时期不无关系。新中国成立以后，全国人民投入巩固政权，稳定社会，恢复生产，迅速建立一个富强、民主、文明的社会主义国家的大潮中。特别是在全国建立无产阶

级专政的社会主义国家的大政方针统一指引下，人民的工作生活、社会信仰、价值观念和行为方式呈现高度同质化特征。所以，保证食品卫生安全成为人们发自内心的自然表达。

从控制主体来看，食品安全"自主控制"主要是依靠广大食品生产经营者来实现的。在计划经济时期，即便有食品卫生行政监管部门以及食品卫生制度规范存在，但由于国家并没有建立相对独立、系统完善的食品安全控制体系，所以行政部门并没有发挥太大的作用，而其他社会组织乃至消费者本身的食品卫生安全意识尚未培养起来，他们的作用也十分有限，以致只能形成以食品生产经营者为主体的食品安全一元控制格局。

从控制方式来看，虽然这个时期存在相关食品卫生安全的规章制度，但保障食品卫生安全的方式主要是各种非正式的自我方式。比如人们的相互信任、利他的道德观念、社会正义感、设身处地的同情心等。人们凭借这些内在的道德观和价值观来约束在食品生产经营中的行为，从而保障食品卫生安全。

从控制效果来看，食品安全自主控制时期的食品生产经营整体上处于国家集中统一的计划管制之下，自主生产经营不允许存在，所以食品安全形势整体较好，恶性食品安全事故少有发生。另外，国家没有组织专门的机构和人员对食品卫生安全进行独立监管，具体的食品卫生安全事务主要是通过食品生产经营者自我约束与自觉管理实现的。所以，这个时期的食品安全社会控制具有主体单一、执行简单、成本低、效果明显的特点。

（2）**食品安全"行政控制"的特征。**在食品安全"行政控制"时期，随着生产经营者对食品安全"自主控制"能力的弱化，食品安全事故不断发生，影响也越来越严重。为了应对新的食品安全形势，国家加大了对食品安全的监管力度，强化了食品安全监管的部门职能，担负着食品安全控制的主要任务。此外工商、农业、经贸等其他行政部门也承担了部分食品安全监管职能，将整个食品链的各个环节都纳入行政监管体系之中，以实现国家对食品安全的全面控制。

从控制主体来看，实施食品安全控制的主体是以卫生部门为主的国家行政部门，它们担负着从法规建立、标准制定、监督检查、检验检疫、质量控制、市场管理、事故处理、信息宣传等几乎所有食品卫生安全职能。与此同时，还有新闻媒体、消费者和其他社会组织也开始参与到食品安全控制阵营中，发挥积极的作用。

从控制手段来看，从中央到地方各级食品安全行政主体主要是通过行政指令或行政委托的方式实施管理活动。下级卫生行政部门往往是通过行政层级的垂直通道、层层传达来执行上级卫生行政部门发布的相关指令来监管食品安全，保障消费者食品安全权益。虽有相关食品安全法律制度，但行政部门在执法时更多的是采取事后处罚的方式进行，而事前预防与事中监管的规制并不多。另外，新闻媒体通过公开报道、舆论压力，一些食品专业检测机构通过第三方独立检测评估，消费者通过自我预防、举报等方式参与食品安全监管和预防，为捍卫食品安全增添了新的方式。

从控制效果来看，国家卫生行政部门对食品安全实施全面控制，但是这种以"行政控制"为主导的食品安全监管体制存在诸多内在不足，使得食品安全控制效果并不明显，甚至在这段时间内，整个社会的食品安全形势表现出持续恶化的趋势。而影响控制效果的因素主要有以下几个方面：第一，食品安全强调从农田到餐桌的全程预防和控制，需要各个监管部门协同合作，由于各级卫生行政主管部门遵从下级服从上级的垂直管理原则，容易形成部门壁垒，不能相互协调。另外由于各种与食品卫生安全相关法律法规政出多门，相互交叉，重叠冲突，导致行政部门相互扯皮推诿的低效率现象。第二，卫生部门承担的监督执法任务过于繁重，监管范围过于广泛，使有限的机构与人员难以应对，在很大程度上影响了食品卫生监督的效率和效果。第三，其他食品安全社会控制力量并没有得到充分的发挥，政府部门对新闻媒体、社会中介组织和消费者的参与行为并没有给予有效回应和积极配合，从而陷入一种孤军作战的境地。

（3）食品安全"多元控制"的特征。随着现代经济社会与科技技术的飞速发展，食品生产经营的工业化和市场化程度不断提高，食品工艺日益复杂，供应环节大大延长，影响食品的不安全因素也越来越多。这使得传统的食品安全控制模式已无法适应食品安全治理的新变化与新要求，而缺乏科学技术支撑和治理手段创新的政府监管，也难

以获取公众信任。所以，食品安全治理进入多元化时代是时代发展的
必然选择[128]。所谓食品安全"多元控制"是指食品安全问题的控制
主体不再单纯依靠政府或者市场的力量，控制手段也不是简单凭借行
政监督与市场自律，而是充分发挥多种控制主体，运用多种控制手段
对食品安全形成多元控制的格局。

从控制主体来看，这一时期的食品安全控制主体除了食品生产经
营者和政府部门以外，其他社会力量也发展成为食品安全控制的新兴
主体，其作用和地位也日益重要。如新闻媒体、社会组织、消费者
等，充分体现了主体多元化的特征。这种多元化不仅仅在于它们的实
际表现，更在于它们的地位和功能得到了法律的确认和保护。我国最
新食品安全法明确规定，国家积极鼓励各类社会团体、基层群众性自
治组织以及新闻媒体在食品安全法规、标准和知识的宣传普及、舆论
监督，培育食品安全意识、倡导安全健康饮食方式等方面发挥积极的
作用[129]。这使得食品安全问题控制多元主体的法律地位和积极性得
到了很大的提高。

各类社会组织在对政府和市场行为监督，食品安全信息交流与传
播等方面起到了重要的补充和加强作用。一方面，社会组织是促进政
府与企业、企业与消费者之间有效沟通的重要桥梁。各种社会组织在
一定程度上能对企业的行为进行监督规范、促进行业自律，减轻政府
的具体事务压力，使政府能够专注于制定宏观政策，提高政府行政效
能。另一方面，通过充分发挥各种社会组织的专业职能，有助于解决
食品安全领域的信息不对称以及技术不足等问题。再者，公民通过社
会组织参与食品安全监管使零散的公民参与得以聚集起来，形成合
力，从而改变个人的弱势地位，增强博弈能力，更易于实现与其他监
管主体对食品安全问题的协调共治。

从控制手段来看，食品安全社会控制多元化是指除一些传统的常
规控制手段以外的新兴的食品安全控制手段与方法。常规控制手段包
括如行政监督、法律约束、业主自主约束、新闻舆论、社会压力等，
仍将发挥主导作用。一些新的食品安全控制手段也开始被运用并发挥
积极作用，如食品安全检测机构民营化、食品安全评价性抽检职能合
同外包、食品安全社区治理、食品行业协会自治。这些新的治理工具

极大地丰富了食品安全治理方式体系。

从控制效果来看，食品安全多元控制机制有利于发挥政府、市场和社会各种控制力量的优势，取长补短，整合资源，使食品安全监管体系成为一个高效协调的有机整体。尽管目前我国食品安全治理多元化治理格局尚未完全形成，还需要一个过程，但许多社会主体已经逐步成长，非政策性治理方式也已经开始运用，而且在实践中发挥了积极作用。比如新闻媒体、民营组织、社会自治等多元化治理毕竟代表了未来食品安全治理的发展趋势。既能提高政府与市场主体的工作效能，又能改善整个食品安全问题治理的整体效果。

2. 我国食品安全社会控制变迁的社会动因

从社会运行角度来说，社会在发展过程中不断从外界汲取新的资源的同时会产生各种越轨现象，导致社会系统出现分化和冲突。社会系统会为了整合分化，消除矛盾，达到新的稳定与均衡而进行自我调适，便形成社会控制。控制的目的是将越轨行为控制在社会规范许可的范围之内，以保障社会秩序稳定。社会控制即体现了社会统治者的意志，也是社会成员的要求。从根本上来说，对越轨现象进行控制是社会保持机体健康运行的一种本能反应。所以，我国食品安全控制方式的阶段性变迁亦是对食品安全形势变化做出的一种社会反应，是社会管理者为了保障消费者的身体健康和保障社会运行，针对食品安全问题的变化特点所做的调整和适应。我国食品安全控制阶段性变迁的社会原因主要有下几个方面。

第一，统治者应对食品安全形势的变化是推动食品安全社会控制变迁的根本原因。无论是从世界范围看，还是从国内形势看，食品安全问题都是一个国家基础性和战略性的重大社会问题。20世纪以来，国内外相继爆发了大量食品安全事件，不仅公民的健康权、生命权受到损害，而且严重影响了国民经济的健康发展以及社会的和谐稳定，甚至演变成为一场影响到全社会的公共危机。食品安全是国家公共安全的重要组成部分，保障食品安全是各国政府执行国家法律法规，维护公共安全，保护人民群众健康，促进经济社会协调发展的基本职能。食品安全监管部门在改善食品安全状况、保障人民身体健康和生活质量方面发挥了积极作用，并为规范市场经济秩序，促进社会和谐发展做出了重要贡献。十八届三中全会《关于全面深化改革若干重大问题的决定》明确指出，要通过完善和建立统一的食品药品安全监管机构、全程覆盖的监管制度、食品原产地可追溯制度和质量标识制度等，形成一个严格、健全的公共安全防护体系，以保障食品药品安全。

但是，每个社会发展阶段的食品安全形势、特点各异，社会对食品安全问题的认识、要求不同，这就从根本上决定了食品安全控制的目标、任务不同，食品安全控制的主体、手段、方式、模式也有差异。所以，我国食品安全控制模式从"自主控制"到"行政控制"再到"多元控制"的转变，从根本上来说是政治统治者为应对不同历史阶段食品安全形势所做出的必然选择。

第二，现代食品工艺技术的滥用是推动食品安全社会控制变迁的技术因素。随着我国人民物质生活水平的提高，城镇化发展速度的加快，消费者尤其是城镇居民对食品的需求数量和类型急剧增加。同时，迅猛发展的现代食品工业推动了新的食品消费潮流和消费文化形成，并由此催生了大量新兴食品。为了满足这种快速增长的食品需求，生产经营者会通过食品技术革新和工艺创新来提高食品生产、加工和流通能力和效率。于是，各种大规模、大批量、快速生产、反季节培育、添加添加剂的食品生产经营新技术和新方法被广泛应用。各种快捷、速冻、烧烤、油炸、腌制、调制、保鲜、防腐、反季节类甚至一些概念性食品成为人们的盘中餐。而"瘦肉精""速成鸡""膨大西瓜""避孕鳝鱼""毒生姜"等有害食品由此产生。与此同时，一系列健康问题，比如消化道疾病、心血管疾病、高血压、肥胖症、肝肾损伤、癌症等疾病也随之而来。可以说，现代食品工艺与技术是一柄"双刃剑"，一方面促进了食品工业的发展，满足了人民快速增长的食品需求，但同时带来了一系列新的食品安全问题。为了抑制食品工艺技术滥用所带来的负面影响，社会也不得不持续改进食品安全控制的技术手段和控制理念，不断更新、优化食品安全社会控制模式。

第三，消费者食品安全意识的提高是食品安全社会控制变迁的社会心理动力。随着社会的发展，居民消费水平的不断提高，人们越来越重视营养和健康，对食品安全的要求也越来越高。但是，由于我国近几年连续发生的一系列重大食品安全事件，使消费者对食品生产经营者产生了很大的不信任感。据有关食品安全状况调查统计，不放心的消费者占到 44.53％，非常不放心的占到 9.56％，只有 3.45％的表示很放心。在广大消费者表达了对食品安全普遍担忧的同时，他们的食品安全意识也有了显著提高。调查显示，绝大部分消费者在选择食品时首先考虑的是商家的诚信状况，90.94％的消费者表示，即使价格贵一些，也要买诚信度较高企业的产品，只有 9.06％的消费者图实惠，买便宜的产品[130]。在食品安全问题发展的初期，消费者的不信任心理主要指向食品生产经营者，而且这种心理在一定程度上会抑制消费者的消费行为，从而影响市场销售。但如果这种心理长时间得不到舒缓，其心理压力就会增大，而心理排遣对象就会从市场经营者转向市场管理者——政府监管部门。在这种情况下，消费者对食品安全的不信任就会转化成对加强食品安全控制的强烈社会期望。当这种社会期望投射在社会管理者身上时，就会变成一种迫使其不断改进食品安全控制方式的社会压力。因此，为了及时应对广大消费者不断提高的食品安全需求，政府不得不改进食品安全控制模式。

第四，食品消费结构的变化是推动食品安全社会控制变迁的条件因素。城市化是指社会人口从农村向城市转移、乡村发展为城市、农业生产转变为非农业生产的过程。近十几年来，我国社会发展城市化和人口城乡结构急剧变化影响了居民的食品消费结构。城市化是社会经济发展的必然结果，也是社会进步的表现。这个过程中城镇地区的人口占总人口比例不断增长。新中国成立初期，我国城镇化水平较低，从 1949 年到 1957 年第一个五年计划顺利完成，我国的城市数量由 69 个增加至 176 个，城市人口由 5 765 万人增长到 9 994 万人，城市化水平也由 1949 年的 10.64％提高到了 1957 年的 15.39％。改革开放以后，特别是近 20 年来，由于经济社会的全面发展，我国城镇化水平也迅速提高。根据中国社会蓝皮书 2011 年 12 月公布的统计数据，我国城镇人口的比重占到总人口的 50％，这标志着中国城市化率首次突破 50％。根据国家统计局的统计数据，2013 年中国城镇化率达到 53.73％，见图 3-5。

正是由于城镇化程度提高，大量农村人口流入城镇，城镇人口急

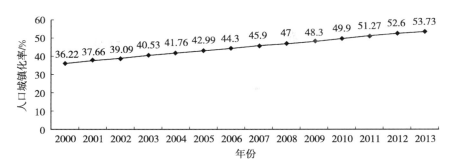

图 3-5　2000—2013 年中国人口城镇化率

注：数据来源于国家统计局 2000—2013 年我国人口城镇化率数据。

剧增加，使得城市居民的食品需求迅速增加。受生活环境和工作环境改变的影响，城市居民"在家用餐"和食用"未深加工的食品"的机会越来越小，而"在外用餐"和在市场上购买经过冷冻、保鲜，添加着色、调味、防腐等添加剂食品的机会越来越多。而这些经过一次甚至多次加工处理过的食品比原生态、绿色食品导致不健康的概率要高得多。因此，城市成为食品安全事故的高发区域，城镇居民也成为不安全食品引发疾病的高发人群。所以，城市化带来的人口结构变化不仅影响食品消费水平，也带来了食品消费结构的变化。为了应对新的食品消费结构变化所带来的食品安全形势的变化，国家的食品安全控制模式不得不随之转变。比如食品安全控制的重点区域主要在城市，食品加工流通领域是重点控制环节等。

可见，食品安全社会控制模式不是一成不变的，它必然随着社会的发展，特别是随着特定历史阶段食品安全形势和特点的变迁而发生相应变化。只有这样，食品安全的形势才能得到保障，人们的身体健康，社会的稳定发展才能得到实现。

第三节　食品安全问题的社会控制体系

食品安全问题是一种社会越轨现象，对其进行社会控制是一种必不可少的社会运行机制。食品安全问题社会控制是通过动员各种控制主体，运用多种控制手段和控制机制形成一个完整的社会控制体系来实现的。

一、食品安全问题的社会控制主体

由于食品安全问题成因的多样性与复杂性，食品安全问题的社会控制主体也是多样的。事实上，所有食品安全利益相关者都有可能成为食品安全问题的控制主体，包括食品生产经营者、政府相关监管部门、社会组织、新闻媒体、消费者等。每一种控制主体在控制体系中担当一定的责任，发挥着必不可少的作用。

1. 食品生产经营者

毫无疑问，食品生产经营者是食品安全问题社会控制的首要主体。在整个食品安全利益格局中，食品生产经营的企业或个人所获得的利益最直接也最主要。大量研究表明，它们是各种食品安全问题的主要制造者，应该在控制食品安全问题的发生发展过程中承担最主要的责任。这类控制主体存在于食品供应链的每个环节，包括农产品的种植、养殖，农产品的生产加工、流通和经营，食品生产加工、流通和经营等。

食品生产经营者要实现食品的安全控制必须确保食品生产经营的各个环节都实行严格的安全控制。食品生产者首先要对原料、产品进行必要的安全监测，建立产品的可溯性安全档案；严格遵守各种食品安全标准和政策法规，重视对工作人员个人卫生、生产设备、生产环境的安全卫生以及员工安全意识培训；在食品流通过程中采用食品安全管理体系，采用 HACCP 方法对食品安全危害进行主动识别与控制。农民在农产品种植、养殖和农产品初级加工过程中，尽可能遵守农业生产操作规范。经营者自觉遵守食品安全卫生法规和职业道德，不恶意制售不安全食品。

2. 政府部门

保障公共利益，维护社会稳定、公共安全是政府作为"守夜人"的职责。而保障食品安全显然是政府公共行政的应有之义。况且，政府在社会结构体系中拥有最强有力、最权威的控制手段和最丰富的控制资源，是整个社会控制体系的核心。尽管世界各国的食品安全监管体制不同，但相关政府职能部门仍然是食品安全问题控制力量的主体，在食品安全体系中发挥着主导作用。

　　如美国负责食品安全管理的主要机构有食品和药品监督管理局、食品安全检验局、健康与人类服务部、农业部、国家环境保护局及其下属机构。另外，美国在联邦、州和地方政府之间建立了既相互独立又相互合作的食品安全监督管理网。一方面，联邦政府在全美国设立多个检验中心和实验室，并向各地派驻大量食品安全调查员，对食品安全的监督并不依赖于各地（州）政府。同时，法律规定联邦所有食品质量安全监督机构都不能从事与贸易有关的工作，以避免受到地方和部门经济利益的影响和干扰，确保食品质量安全监督职能行使的独立行与公正性。2002年欧盟成立了欧洲食品安全局（EFSA），此机构由管理委员会、行政主任、咨询论坛、科学委员和8个专门科学小组组成，各机构运行遵循独立、先进和透明的原则，协调统一管理欧盟范围内所有食品安全事务。

　　在我国食品安全监管的行政主体包括各级政府及相关职能部门，国务院食品安全委员会、国家、省、市、县，各级卫生、食品药品监督、农业、食品检测检疫、质量监督、工商等部门。各级行政部门在省、市食品安全委员会的统一协调下，按照"分段管理为主、品种管理为辅"的模式实行监管职能。

3. 社会组织

　　由于食品安全信息的不对称性，使得食品安全违法行为具有隐蔽性、专业性的特征，一般组织和个人都无法轻易鉴别食品的不安全因素，需要通过专业信息转换和传递才能了解。为此，多数国外政府大都将食品安全管理中的部分非核心业务进行外包，把部分辅助职能转移到专业中介机构、行业协会和非政府组织，以弥补政府监管与市场自律的不足。

　　美国的食品安全领域存在着大量社会组织，比如美国食品加工商协会（NFP）负责管理食品召回，确立腐败威胁和其他危机管理范例，为协会成员提供食品安全教育资料和培训方案。还有食品专家协会（IFT）、食品和环境卫生专家联合会、微生物学协会、国际乳制品和食品和药品官员联合会等。它们在食品安全技术管理、提供行业培训、赞助座谈会和研讨会、出版权威技术期刊等方面发挥了不可取代的作用。日本的食品卫生协会在全国各都道府县及指定都市设立了分部，分部下也设有分所，有多达58 000位食品卫生指导员分布在全国各地。他们负责为水产品经营者提供卫生知识指导，为消费者自我保护开展宣传工作，为水产品从业者和消费者开展法规说明会，开展防止食物中毒知识普及，开展水产品质量检测等[131]。农林水产消费安全技术中心主要指导生产、销售、进口从业者实施JAS制度，并进行监督管理：包括开展有害物质分析、制定分析标准、对饲料和饲料添加剂生产企业监督检查和技术指导、饲料安全性试验；对农药试验设施进行资格初审等。我国现行《食品安全法》明确支持社会组织参与食品安全管理：包括鼓励社会团体、基层群众性自治组织开展食品安全法律、法规以及食品安全标准和食品安全知识的宣传普及，倡导健康的饮食方式，增强消费者食品安全意识和自我保护能力，引导食品生产经营者依法生产经营，推动行业诚信建设等[132]。

4. 新闻媒体

新闻媒体历来被誉为社会的"第四种权力"，特别是在网络媒介日益发达的现代社会，它们在社会监督方面发挥了无法替代的作用，在食品安全监管领域更是如此。新闻媒体能够凭借其专业力量和资源优势在获取食品安全信息、揭露事件真相、引导社会舆论、影响政策方向等方面扮演着十分重要的角色。我国近几年来发生的食品安全事件大多都是经由电视、网络和报纸等新闻媒体率先曝光之后，引起社会高度关注，形成舆论压力，并迫使监管部门干预，才得以解决的。比如"三鹿奶粉"事件就是在媒体的率先曝光、跟踪报道、舆论压力下得以真相大白。尽管有些媒体在新闻报道中存在"不科学、不客观、夸大事实、过度炒作、追求新闻效应"等缺乏社会责任感的现象[133]，但不能否认，他们为加强食品安全监督，打击违法行为，减少健康危害发挥了重要作用。

此外，新闻媒体还可在食品安全立法执法、信息沟通、及时获得社会反馈等方面促进社会多向互动。如在发布食品安全信息、传播安全饮食知识、培养安全饮食习惯、拓展食品安全监督渠道、促进社会沟通等方面，新闻媒体均能起到很好的作用。我国《食品安全法》也赋予了新闻媒体参与食品安全监督的资格与权力，包括对食品安全的法律法规、政策文件以及安全标准等专业知识进行公益宣传与普及，对违反《食品安全法》的相关行为进行舆论报道和公共监督，对职能部门的监督执法进行监督。因此，新闻媒体对食品安全控制的独特作用不可或缺。

5. 社会公众

随着食品安全意识的逐渐加强，广大社会公众不再是不安全食品的被动接受者，而是参与食品安全控制的积极主动者。比如，社会公众可以通过自主学习鉴别假冒伪劣食品的知识和方法，树立科学理性的消费观念和健康安全的饮食习惯，自觉抵制不符合生产规范和卫生标准的食品，能够很好地预防食品安全事故的发生，确保自我身体健康。另外，社会公众还可以通过积极参与食品安全法律政策制定、食品安全监督执法、食品安全事故举报、食品安全风险交流和食品安全知识宣传等活动，起到维护食品安全的积极作用。

在美国，社会公众可以全程参与并主导食品相关法规、政策的制定与执行。美国《行政程序法》规定，在制定食品安全法规时必须以接受公众书面或口头的评议，之后该草案方得通过并成为联邦有效的法律[134]。而《自由信息法》则保障公众可以从政府公开的信息中了解相关食品安全的所有立法资料和过程，进一步落实了公众在制定法律中的参与权。食品安全检测主要委托给设立在联邦与各州的政府与企业之外的第三方专业研究机构与人员来完成。食品安全法规的制定也要包括医生、微生物学家、药理学家、化学家、统计学家和律师等与食品安全相关的专业人员，而不仅仅是机关行政人员。另外，食品安全法规也保障了一般公众享有对食品安全问题提出公益诉讼的权力，可以通过司法途径保证食品质量安全[135]。我国现行《食品安全法》第十条规定：社会公众有权参与食品安全监管，有权对食品生产经营中的违法行为进行举报，有权向相关部门申请了解有关食品安全的信息，可以对食品安全监督管理工作提出意见和建议等。

在现代社会控制体系中，食品安全社会控制主体不再是单一主体的控制格局，而是多元组合的结构体系。因此，要积极培育壮大社会组织、新闻媒体等非传统监督主体的自主性和积极性，以强化食品安全控制力量。

二、食品安全问题的社会控制手段

社会学家们根据社会控制手段的作用特点和效果差异将其分为不同类型。罗斯将社会控制手段分为两大类型：一类是借助舆论、暗示、个人理想、宗教、艺术和社会评价等方式，依靠情感力量，称为伦理的控制手段；另一类是通过法律、信仰、利益、教育和幻想等，称为政治的控制手段[136]。我国著名社会学家郑杭生教授将社会控制分为硬控制与软控制、积极控制与消极控制、内在控制与外在控制[137]。不论如何分类，食品安全的社会控制方式主要包括法律、行政、道德、习俗、舆论、技术等类型。

1. 法律控制

作为一种被普遍采用的社会控制手段，法律制度是由国家制定认可的各种法律、法规和规章，并依靠国家暴力机器强制执行的社会规范体系，是最具强制约束力的控制手段。毋庸置疑，完善、严格、高标准的法律制度是保障食品安全的最基本、最重要的控制手段。事实上，世界各国为了规范食品生产经营活动，保障食品安全，制定了各种食品安全法律法规和规章。如美国早在100年前就制定了《联邦肉类检验法》，之后又陆续出台了一系列法律法规，诸如《食品质量保护法》《禽产品检验法》《联邦食品、药物和化妆品法》等，构建了一个严密的食品安全法规体系，有力地保障了食品安全。英国政府制订的与食品有关的沙门氏菌的法律有十几部。2002年，欧盟在其颁布实施的《通用食品法》中确定了"从农田、畜舍到餐桌"涵盖整个食物链的食品安全通则和基本要求。

虽然我国的食品安全立法相对滞后，但经过多年的努力，目前已基本形成了包括食品安全的基本法律、部门法规与行业法规三大门类组成的食品安全法规体系。第一，食品安全的基本大法包括《农产品质量安全法》《产品质量法》《食品卫生法》《食品安全法》《种子法》《消费者权益保护法》《农业法》等；还有涉及农产品质量安全的法律，如农药、兽药、植物检疫、生猪屠宰、饲料和饲料添加剂等方面的管理条例；还有国家行政机关依法制定的具有法律效力的规范性文件与规章，如《国务院办公厅关于印发食品安全专项整治工作方案的通知》《国务院关于进一步加强食品安全工作的决定》等，《农业部关于做好〈农产品质量安全法〉贯彻实施工作的通知》《农作物种植资源管理办法》以及《关于加强农产品质量安全检验检测体系建设的意见》等。第二，有关食品、卫生、法律的规章，主要包括《卫生部关于〈中华人民共和国食品卫生法〉适用中若干问题的批复》《食品安全行动计划》等，还包括与食品安全生产经营相关的法规，如食品包装用纸、食品卫生行政处罚、食品卫生监督程序、混合消毒牛乳、餐饮业、食品流通以及食品生产经营人员等方面的管理办法与文件批复。

法律法规是实施食品安全社会控制最重要的手段，有了这些法律法规等于为食品安全构筑了一道坚固的防护体系。当然，要充分体现法律控制的有效性，还需要根据实践发展的需要，不断更新完善法律文本内容，调整优化法制之间的结构关系，减少法律之间的重复冲突，加大执法力度，维护法律权威。

2. 行政控制

食品安全问题行政控制是指政府及其相关职能部门运用行政权力，对有关食品的越轨行为进行控制，它具有强制性和权威性的特点。虽然食品生产经营活动是一种市场行为，行为主体仍要靠自主遵守市场规律和各种法律规章约束，但总有行为主体无视法律，恶意破坏法律，实施越轨行为，提供不安全食品。对这种行法外之事的行为必须通过行政力量加以查处和打击。

食品安全法律控制主要是通过事前预防和事后处理依据发挥作用，它通过行为主体将规范知识内化为思想认知，并成为行为指导，因此，它更多是对具体越轨行为的约束。而行政控制则主要指向对整个越轨现象的宏观管理。具体来讲，行政控制主要包括：第一，综合协调全国或者区域范围内的食品安全工作、制定实施食品安全法律法规和标准规范、统计与公布区域内的食品安全信息、评估与交流食品安全风险、食品检验机构的资质认定以及查处重大食品安全事故。第二，领导、组织、指挥和协调本行政区域内的食品安全监督管理工作；完善、落实食品安全监督管理责任制；处理食品安全突发事件；

评议、考核下属食品安全监督管理部门等，通过行政手段来整体推动食品安全治理工作。

行政手段因依托国家行政机构而具有很强的权威性，且效果明显。但同时，行政手段历来具有很强的自由裁量性，其实践效果取决于执行者的态度。因此，对于行政手段一方面要加大其自觉履行监管职责的正当性，又要保证其权利行使的合法性，防止权利滥用。

3. 道德控制

食品安全的内涵不仅包括技术、管理等要素，还包含"健康、安全、责任"等道德内容。研究认为，食品安全问题的形成不仅有制度原因、监管原因，也有其内在的道德根源，如企业社会伦理缺失、政府行政伦理缺失、消费者道德主体的缺失与价值理念的偏差、科学技术伦理的失范、新闻媒体职业道德的丧失等都可能引发食品安全问题[138]。事实上，无论多么严密的法制体系和严格的监管制度都不可能万无一失，更何况法规制度只有内化为人们的信念和行为准则时才能体现实效。在食品安全问题控制体系中，法律控制是食品安全社会控制的根本手段，发挥基础作用；道德控制是补充手段，发挥提升作用。因此，通过"制定食品伦理道德规范、强化道德规范教育、塑造道德楷模、强化舆论宣传、培育企业自我监督机制、利用利益机制调控、建立企业的信用系统等，加强食品伦理道德体系建设"[139]，构筑起企业、政府和社会的三道食品安全伦理防线，以保障食品安全。

4. 习俗控制

饮食习俗是人们在长期的社会生产生活中自发形成、以世代相传的方式沿袭、具有鲜明特色的饮食方式和饮食观念，这样的饮食习俗往往会影响消费的行为选择。所以，科学、健康的饮食习惯也有利于加强食品安全控制。我国饮食文化源远流长，由于地域、民族、文化等差异，加上新兴食品工业文化的影响，形成了各种饮食习俗。这些饮食习俗往往隐藏着不为人知，甚至明知却仍不避讳的食品安全隐患。要利用饮食习俗实现对食品安全的有效控制：第一，必须科学认识传统饮食习俗，不能盲目随从传统，要积极剔除一些被科学证明不健康的、对人体有害的饮食陋习，也可以利用现代科学技术对传统饮食的制作进行改造提升，使其达到安全健康标准，让真正健康、科学的饮食传统造福人类。第二，加强科学饮食知识的宣传，抵制一些不健康的现代饮食习惯，特别是一些添加剂含量高、深加工、调制、烧烤等食品。总之，培养健康的食品习惯是保障食品安全的有效途径之一。

5. 舆论控制

社会舆论是指多数人对某一特定社会事件所公开表达的态度、意见、要求和情绪等形成的有一定倾向性的集体意识，通过大众传播媒介进行交流、传播，是多数人整体知觉和共同意志的外化表现。由于社会舆论是一种公共意见，这种大多数的共同倾向会对少数人的与众不同的言行产生巨大的环境压力。一旦压力持续时间过长，这部分少数人会通过改变或放弃原来言行，与众人保持一定程度的一致，以便缓解、释放压力。通过这一过程，社会舆论形成对他人言行的指导、约束与社会控制的作用。所以，利用社会舆论也可以达到对食品安全问题的形成与发展进行一定程度控制的效果。第一，政府必须加大对有关食品安全社会舆论的引导和控制。各级政府部门要通过加大食品安全法律规范的宣传，对典型食品安全违法犯罪案例进行严厉惩处，对行政部门监督执法渎职失职行为进行问责，以形成"有法可依、违法必究，执法必严"的社会共识，对食品安全问题引导正确的社会舆论。第二，新闻媒体通过曝光食品安全事件、披露相关食品安全信息、传播健康科学食品安全知识，从而引导社会形成正面、积极的社会舆论氛围，约束食品违法违规行为。

6. 技术控制

科学技术是一把"双刃剑"，它一方面对推动社会生产力发展，为人类生活创造更多财富和便利发挥了巨大的作用；另一方面因对科学技术的过度依赖造成社会的异化，比如诱发更多社会风险，破坏生态环境，损害人体健康。与此同时，现代科学技术的理念和方法对提高食品生产安全水平与经营管理效率，加强社会控制也能起到较好的作用。同样，现代科学技术特别是食品工业技术在食品安全领域的广泛运用，在提高食品行业产能，丰富食品种类，引发新的食品安全问题的同时，也为维护食品安全提供了新的技术手段和方法。首先，作为食品安全保障的第一责任主体，各食品生产经营者要自觉主动地运用先进的生产和管理技术以保障食品安全。比如加大对国外食品生产技术和管理技术的引进和利用；加快现代食品生产技术、管理技术、检测技术的自主研发与推广运用，比如 HACCP 技术、食品安全检测技术、管理技术。其次，政府部门通过政策和财政引导，推动企业积极采用先进生产和管理技术，利用现代科学技术改造食品安全监管流程、技术和方法，提高管理效率。比如网络技术、信息技术和计算机技术等。为保障食品安全必须充分利用科学技术手段对社会进行有效控制，要在依靠科学技术保障食品安全的同时，尽可能地避免科学技术被不法分子所利用。

诚然，每种食品安全控制手段都有其特点和优势，同时也有其局限性，单凭某一种控制手段和方式难以实现食品安全的整体控制。只有在充分发挥各种手段的控制效能与控制优势的同时，加强综合利用，注重它们之间的相互配合与协调，使食品安全控制手段的效应达到最大化。

第四章

逻辑与走向：社会转型与
食品安全问题社会共治

从社会运行角度来考察，我国食品安全问题形势之所以日趋严重，食品安全社会控制模式之所以不断变迁，与我国正经历的社会转型息息相关。社会转型加剧了社会结构变动，社会价值观和消费行为方式也发生变化，从而导致社会运行机制不协调，社会结构耦合度降低，容易导致社会控制失调。这种特定的社会背景一方面给食品安全问题治理带来诸多挑战，同时也孕育着社会控制理念与控制方式的创新，给食品安全问题治理带来新的机遇。

第一节　社会转型期的社会控制

社会转型期作为社会发展过程所表现的一种特定特征，它必然对社会结构与社会运行产生一定的影响。这种影响也必然会传递到整个社会控制系统，对旧的社会控制体系产生冲击，带来挑战，但同时也孕育着新的社会控制机制的可能，使社会结构与社会运行重新调适到稳定状态。

一、社会转型与社会控制

社会转型是发展社会学理论中的一个重要议题，它是指社会发展由传统社会向现代社会转变的过程，具体而言就是从农业的、乡村的、封闭半封闭的传统社会，向工业的、城镇的、开放的现代型社会转变的过程，它着重强调社会结构的转型[140]。社会转型是关系到社会发展的根本性、整体性转变，不同于一般的社会制度性转变。因此，社会转型的主体应该是社会结构，其本质是社会整体的一种特殊的结构性变动[141]。在社会结构变化的整体带动下，构成社会系统的各组成部分如政治体制、经济方式、文化体系、价值观念，以及人们的思维方式、行为特征和生活习惯等各个方面都会发生量变或质变。而且，这种转型最终还得通过确立新的社会规范和秩序结构来完成。由于社会转型中的制度规范不完善、不定型使得社会控制体系的效果弱化，导致各种社会无序、越轨和违法犯罪行为等失范现象增多。而社会失范行为的增加又会反过来给社会转型发展增加诸多风险与障碍，进而影响转型的进度、动力、效果和目标。

如果社会转型是社会发展不可停止和不可逆转的必经过程，那么社会失范也就不可避免地出现。而要确保社会转型的顺利进行和最终成功，加强和完善社会控制体系，尽可能减少社会失范现象也就成为必然选择。

尽管目前有关社会转型的理论尚不成熟，仍处于探索和完善之中。但学术界普遍认为，自新中国成立以后到现在尚处于转型发展过程当中。对于我国的社会转型，学界存在两种观点，一种是"两时期论"，另外一种是"三阶段论"。所谓"两时期论"就是指自 20 世纪以来到目前为止，中国社会变迁经历了两个重大的社会转型阶段：第一个阶段是从 1911 年的辛亥革命爆发到中华民国的成立，这是一种以暴力革命为主要特征的社会转型；第二个阶段是从 1978 年的改革开放至今，"这阶段的社会转型是中国从一个具有初步现代性的社会向较为发达的现代社会的转型。它是以和平、变革式为基本特征的社会转型"[142]。显然，这种"两时期论"的区分是以转型方式的"烈态"为判断标准，着重从社会变化的表象层面进行描述。而且二者在本质上不具同一性，"暴力革命"是源于政治领域，而"改革开放"则强调经济领域的变化。所以，这种判断对同一个历史进程进行分段并不能体现社会的整体性，所以这种划分不尽科学。更多学者主张"三阶段论"的观点，即认为中国社会第一个的转型阶段是从 1840 年鸦片战争开始至 1949 年中华人民共和国成立；第二个阶段是从 1949 年新中国成立之后到 1978 年党的十一届三中全会；第三个阶段是从 1978 年改革开放至今。这三个阶段也被称为启动和慢速发展阶段、中速发展阶段、快速和加速发展阶段[143]。无论是何种分类，都表明我国已经处于由传统向现代、由封闭向开放转变的历史时期，而且这种社会转型的"整体性、形式性、异质性、重叠性"[144]特征注定了它需要经历一个较长的历史时期，同时也是一个复杂的历史过程。这种社会政治、经济生活的急剧变化对人们的精神心理、道德观念、价值取向、生活方式、行为方式等产生巨大冲击，各种消极、颓废、负面的社会失范现象就会出现，社会风险大大增加。

二、社会控制效能弱化的原因

正如美国著名政治学家塞缪尔·亨廷顿所阐释的，"现代性孕育着稳定，而现代化过程却滋生着动乱"[145]。比如就业困难、人口压力、通货膨胀、官员腐败、违法犯罪、分配不公、公共安全、道德沦丧、世风败坏等成为我国转型期的主要社会问题。造成社会问题大量涌现，社会控制效能弱化的原因主要有以下几个方面。

1. 以行政权力为中心的正式社会控制体系弱化

新中国成立以后，我国通过计划经济、集权政治和意识形态建立了强有力的社会控制体系，使整个社会资源、政治选择和思想意志都处于政府的统一控制之下，形成了以单位为代理的高度集中的"一元"社会控制格局。而改革开放则全面动摇了集权性的社会控制模式的基础，随着单位制、户籍制不断松绑，非公有制经济快速发展，自由交易增多，个人对国家和单位的绝对依附大大降低，人员自由流动加强，社会观念朝多元化发展，"一元"社会控制体系逐渐瓦解。面对这种社会发展态势，政府在体制改革和职能转换过程中，尚未形成新的完善的社会控制机制，没有准确定位自身在社会控制体系中的角色和功能，以致于权力越位和缺位并存，政策法令的制定和执行效率低下，权力腐败的现象频繁出现，导致政府权威下降，对社会经济生活的调控能力日益减弱。

在以行政权力为中心的传统社会控制体系日渐式微的同时，新的社会控制主体并未完全成长起来，未能与旧的机制形成交替转换与耦合衔接。当政府权力不断从社会和经济领域中抽离，而没有新兴力量来及时承接；市场机制主导经济运行而规则意识并没有深入人心；社会资源可以自由流动而社会分配不公平等一系列社会矛盾不断冲击着原有的社会控制体系，使国家社会控制的范围缩小，控制力度减弱，控制效果降低，由此在社会生活诸多领域诱发了各种失范和越轨的现象。

2. 传统的非正式社会控制力量被削弱

在传统社会进程中，集体、家庭、家族、邻里等各种非正式社会控制力量在社会控制中扮演重要角色。它们对各种反传统、反规制的社会越轨行为都起着重要的控制、调节和矫正作用。即便有些传统和规制不尽合理，甚至有违人伦，但正如有学者所言，因为社会具有高度同质性和固化性，使得传统伦理道德、社会舆论、密切的血缘关系以及地缘关系等非正式社会控制方式为实现社会控制发挥了重要作用[146]。随着我国社会发展市场化、城镇化特征日益增强以及社会化程度的不断提高，单位集体制解体，家族宗族关系弱化，社会个体原子化，在我国社会控制体系中长期发挥重要控制职能的非正式社会控制力量遭到削弱。一方面，社会人群在资源导向下形成新的流向与聚合，传统的单位、集体等初级社会群体解体，以利益为纽带、具有高度异质性和变动性的新的社会生活场域形成，使单位、家族、宗族对个人的社会依附关系变得松懈，它们对个体思想行为的控制也变得无足轻重。另一方面，随着社会流动的加快、思想观念的开放和外来文化因素的影响，利益至上、利己主义、个人主义、无政府主义思潮使非正式社会控制机制失去了文化根基与价值依循，而传统伦理道德、习俗民约、社会舆论已难以对社会成员构成有力的社会约束，转而以道德自律、法制规则为主要社会控制手段。

总之，社会现代化使传统的非正式控制力量的作用逐渐下降。这一变化使社会成员摆脱了传统观念和力量的束缚，拓宽了个人的自由空间，也使许多习惯依归传统方式的社会行为无所适从，在一定程度上助长了各种失范行为。所以，为了保障这些非正式社会控制力量能够继续发挥其应有的社会功能，急需迅速壮大现有的非正式社会控制力量，大力培育新的非正式社会控制力量，以补偿正式社会控制力量的不足。

3. 现行社会控制体系的整合程度不高

当前，我国社会体系正处于旧的体制逐步松懈瓦解，而新体制重构尚未定型的过渡时期。从社会结构演变的进程来看，这种变化体现为社会整合的进度滞后于社会分化的速度之间的结构性矛盾。社会控制的有效性有赖于整个控制体系的整合程度。而能否实现有效社会整合的关键，在于是否存在能有效协调各方社会利益主体之间关系的共同规则。究其原因，在新旧社会控制机制过渡时期，重新调整他们之间的矛盾关系，将无法对社会行为进行有效控制，因而越轨行为就可能出现。当前，我国经过一段时间的改革开放，重新构建了社会控制体系。但从现实状况来看，社会控制体系中一个最突出的问题就是各种控制主体、控制手段、控制方式之间分散割裂，相互独立，甚至彼此牵扯，相互抵消，缺乏协同合作与有效整合，严重影响了控制功能的发挥。

第一，尽管当前政府部门对社会的绝对控制职能进行了大幅度压缩，但是行政部门仍然是社会控制的权威主体，仍然对社会政治经济、军事文化等实施全面强力控制。现行行政控制体系仍然按照"官僚制"方式进行纵向管理，各行政主体之间独立运行，分割明显，而且行政主体与各类社会控制主体之间横向联合与综合协调不够。

第二，各类社会控制手段或方式也是各自为政、彼此分割、缺乏协同配合。从作用功能来讲，法律与政策、道德与纪律、风俗与习俗都是社会控制的形式和手段。但在实际运作过程中，常常出现政策与法律的割裂，价值与纪律的冲突，风俗与时尚的背离的状况。这种内部紧张关系严重损害了各种控制手段与控制方式之间的相互配合与互补关系，使其控制效用在冲突中相互抵消，以致无法对社会失范形成统一有效的控制。

第三，社会控制介质的传导机制扭曲与僵化。在社会控制体系中，各种社会控制手段之间存在一定的衔接通道和传导介质，以保障社会控制体系的顺畅、便捷、紧密运行，这也是保障社会控制功能得以充分发挥的重要条件。长期以来，我国传统的社会控制模式和施控过程形成了命令多头、流程复杂、环节密集、决策冗长的传导机制，导致了各种控制手段实施过程效率低下。更为严重的是，这一过程往往被人为过多地渗入权势、权力干预、利益绑架乃至个人主观意志等非客观因素，这造成了社会控制传导机制扭曲失效[147]。

在社会发展过程中，由于社会转型所导致的社会控制体系效能弱化，必然通过社会结构体系传导到各个社会领域，一旦社会控制松懈，各种社会越轨行为就会乘机出现。这也是社会转型所导致的必然结果。当然社会转型带来的旧社会结构变化与解体，也给新的社会控制机制的重构带来了空间和机遇。因此，创新社会控制体系与机制是社会发展的必然要求和选择。

第二节　社会转型期我国食品安全治理面临的挑战

社会转型因在一定程度上造成部分社会体制的断裂会给社会发展带来一定的风险，从而影响社会秩序的稳定性和发展的持续性。社会风险意味着各种社会问题爆发的可能。我国当前在经济、政治、文化、社会、生态等领域里所发生的各种不良问题都与社会转型有直接或间接的关系。食品安全问题的密集爆发，除因缺乏卫生安全意识或管理疏漏而引起的食源性疾病之外，与我国社会转型所导致的整个社会控制效能弱化，给食品安全治理带来一系列新的挑战也有着密切关系。这些挑战必然在一定程度上加剧食品安全危机的形势。

一、社会分层与利益分化引发食品行业不正当竞争

随着我国社会转型的不断深入推进，传统社会控制体系不断松懈瓦解，社会阶层结构也随之发生转变，一方面是从原有的社会阶层中分化衍生出多个子阶层，另一方面是新的社会阶层不断诞生，使整个社会阶层呈多元化方向发展。陆学艺根据占有资源拥有量的差异，将中国社会分为国家与社会管理者、经理人员、专业技术人员、办事人员、私营企业主、个体工商户、产业工人、商业服务业员工、农民、城乡无业和失业以及半失业者十大阶层。与此同时，根据收入差异将十大阶层分为五大社会经济等级，即社会上层、中上层、中层、中下层和底层[148]。社会分层的出现必然带来社会利益的分化。

尽管导致我国社会阶层分化的原因复杂多样，但是经济市场化和经济知识化则是其两大重要原因[149]。不同社会阶层有不同的利益诉

求和不同的利益实现途径。从根本上来讲，市场经济体制的确立导致了社会资源的分配方式和利益格局发生巨大变化。政府权力对社会资源的绝对支配地位大大降低，所有社会主体都可以通过合法行为在市场交易中自由获得利益。与此同时，这也释放了社会阶层对利益无限追求的本性，使得有限社会资源的争夺日趋激烈。但在社会转型过程中，不同阶层的利益主体所拥有的机会、条件和禀赋不同，使他们在社会利益资源的争夺中表现出较大的差异。毫无疑问，先天条件好、自身能力较强、社会阶层高的社会主体能获得更多更好的社会资源，反之则较少。一旦处于社会底层或能力较弱的群体无法通过常规方式实现他们所期望的资源和利益目标，就很可能会采取非正常的手段来达成。因为"日益增长的社会不公平感使得很多类似的个体觉得，既然整个结构如此固化不公平，如果自己要采取某些非常规、非道德的方式，那么也可能将这种行为合法化"[150]。

这种由于社会结构变化导致的社会利益分化必然在食品安全领域通过各种形式表现出来。一方面，一些食品企业特别是一些中小食品企业和个体食品生产经营者由于在技术、资金、人才等资源方面缺乏优势，为了实现自身利益最大化目标，通过生产经营假冒伪劣食品的捷径就会成为隐蔽的现实选择。另一方面，一些拥有资源优势的大型食品企业也可能利用其垄断地位和行业话语权威，漠视食品安全规制，从而攫取不正当超额利润。这些行为所形成的食品行业的不正当竞争也就必然引发各种食品安全问题。

二、正式社会控制力弱化助长了食品安全问题的滋生

改革开放以来，为了进一步增强社会活力，我国以"放权简政"为主要方式的政治体制改革转型使政府权力从社会、经济领域大范围退却，使市场流动不断增强，社会自主能力逐步扩大。这种变化一方面意味着象征行政权力的正式社会控制体系对社会体系的直接统一控制空间逐渐收缩；另一方面，在正式社会控制体系内部逐渐滋生的"政绩主义"绩效评价方式使一些地方政府产生了"地方保护主义"的倾向。从本质上说，"地方保护主义"是一种以追求本位利益最大化为目标的、非正常的社会政治现象，它反映的是一些地方政府片面

追求经济发展目标的畸形执政理念。而在很多重大食品安全事件的背后都或多或少闪现着"地方保护主义"的魅影。特别是一些经济不发达的地区，由于非法食品生产经营能起到够起到解决部分就业、活跃地方经济的作用。地方政府就打着增加就业、发展经济的旗号，对非法食品生产经营或管理不严或视而不见。一些大型企业更是打着"国家免检"的招牌避开各类检查，让不安全食品流入市场，比如三鹿奶粉就是如此。甚至一些政府部门在食品安全事故发生以后为了逃避追责、保护政商合谋利益，对事故原因和真相进行包庇和隐瞒。这在很大程度上纵容甚至鼓励了这些违法行为的发生。

据媒体报道，在 2010 年"金浩茶油"事件中，相关质检部门在事先知道事件真相的情况下却隐瞒不报。在 2014 年的"深圳沃尔玛黑油"事件中，涉案门店当年已经接受了当地政府和监管部门多达 26 次的执法检查，而且每次检查结果都是合格的。既然检查合格，那哪来安全问题呢？显然，造成这种貌似"食品企业、地方政府和消费者都能从中获益"的"完美"格局，"可以说是地方保护主义带来一石三鸟的效应"[151]。但假象无法掩盖的事实却是各种各样的食品安全事件层出不穷，禁而不止。所以"地方保护主义"现象实质上就意味着以行政监管为主的正式社会控制体系的弱化和缺失。

三、社会道德失范削弱了食品安全社会控制的文化支撑

我国政治、经济、文化等各个方面经过近 40 年的改革开放，日渐呈多元化发展的态势，加之国外各种社会思潮的冲击，传统思想观念、道德信仰等呈现出多样性和复杂性的特征。利益至上、消费主义、个人主义等消极思想腐蚀、模糊了人们的道德标准与价值取向。虽然我国已经建立系统的食品安全监管与防范的规制体系，但"从根本上来说，食品安全问题是靠伦理道德约束来实现的，法律法规的作用也只有通过道德内化为人们的内心信念和行为准则时，才能有效体现"[152]。

虽然我国的经济社会获得了长足进步，但是人们的思想道德建设却滞后于经济发展。一方面随着社会生产交往方式、社会评价标准的变化，传统道德规范失去了基本社会依托，对人的行为约束也日渐式

微，另一方面新的道德体系尚未完全获得社会认同，道德内化也变得空洞无物，以致整个社会的道德失范现象比较严重，使社会失去了一支重要的控制力量。其实，许多食品安全问题的发生并不完全是由于管理与技术的因素所致，越轨行为的背后暴露出的是社会道德与个人信仰的严重缺失。一些市场经济主体过度追求经济效益，将个人利益凌驾于公共利益之上，置他人身心健康和公共安全于不顾，丧失了基本的道德底线与伦理操守，在明知不可为的情况下却恶意制造出一起又一起骇人听闻的食品安全事件。温家宝总理曾发出感叹，"这些恶性的食品安全事件足以表明，诚信的缺失、道德的滑坡已经到了何等严重的地步"。也正如一些学者所说，食品从业者的道德缺失、监管者的道德失范、消费者的道德冷漠、媒体的道德功能式微是当代中国食品安全失序的实然生态与伦理根源[153]。

四、城乡二元分割不利于农村食品安全监管

我国在新中国成立后开始了大规模经济建设，为了尽快摆脱落后局面，实现赶超英美等发达国家的发展战略目标，从 20 世纪 50 年代开始通过行政手段控制农产品价格，严格实行城乡户籍制度，将社会资源倾向于重点支持发展重工业，由此便逐步形成了城乡二元分割的社会管理体制。这种"先城市后农村""重城市轻农村"的发展思路影响了国家政策机制与管理机制，使城市获得更多的优质资源，从而形成了城乡经济社会发展的巨大剪刀差。由于城市的优先发展，所以城市建立了相对完善的食品安全监管体系与先进的食品安全监管技术。而我国广大农村地区则相对较弱，尤其是偏穷地区甚至存在大面积的食品安全"监管盲区"，乃至成为食品安全问题发生的重要发源地。

一方面，由于大部分农村地区的经济发展水平相对落后，农民收入普遍较低，农民的消费支付能力较弱，加之文化科学知识和食品安全意识较低，他们更愿意主动购买低价低质的食品，容易形成"劣币驱逐良币"的状况，这为不安全食品的滋生蔓延提供了适当的市场条件和生存空间。另一方面，由于农村地区地域广阔，交通不便，生产经营分散，人口流动性强，再加上农村地区的食品安全监管部门普遍存在人员不足，经费缺少以及技术缺乏等实际困难，以致对农村偏远

地区的食品安全缺乏有效监管。这也助长了不安全食品的发展。正是农村地区的客观现实造成了我国"工商、质检等执法部门的主要服务对象无不是以城市为主，至于对农村地区管不过来就可以不管"的困境。所以，"正是某些政府部门在执法监管上的长期存在二元分割的现实，使一些地方的农村市场成为执法监管的洼地，从而为假冒伪劣泛滥提供了机会和平台"[154]。

总的来说，由于我国社会转型发展造成了一系列深刻的社会变革，打破正式社会控制体系的传统格局，导致社会控制效能弱化，使社会衍生诸多不稳定因素和潜在风险。这一宏观社会背景的转变也给我国食品安全问题治理带来了严峻挑战，使得有效控制食品安全的任务还很艰巨。但确保食品安全，维护社会秩序既是广大人民群众的急切期待，又是提高政府治理合法性的重要途径。所以，不断创新食品安全社会控制体制机制，完善食品安全监管规制与方法技术是提高我国食品安全控制效率和效果的必由之路。

第三节　食品安全问题社会共治的转进逻辑

著名营养学家玛利恩·内斯特尔在揭露美国食品安全的隐秘时写道："公众对食品安全事故的广泛关注已成为左右美国政治与公共政策的重要力量。它从来就不只是科学问题，也是政治问题。"这个政治问题包括了"联邦食品安全管理机构之间的职权关系；食品企业以损害民众健康和安全为代价的发展；企业将科学视为追求自身利益的合理工具；消费者保护组织提出的食品安全问题；科学家和民众对食品安全的思考方式等主题"[155]。可见，食品安全从来都不只是食品生产经营者私人的事情，而是关系到整个社会利益的公共事务，作为一种公共物品而存在。社会共治是当代公共治理理论谱系中的重要内容之一，是一种多元合作共生的理念创新，为食品安全问题治理提供了新的理论解读视角和实践解决思路。

一、食品安全问题公共性的生成逻辑

1974 年联合国粮农组织把食品安全定义为"任何人在任何情况

下维持生命健康所必需的足够食物"。1984 年世界卫生组织认为，食品安全是"生产、加工、储存、分配和制作食品过程中确保食品安全可靠，有益于健康并且适合人类消费的种种必要条件和措施"。我国《食品安全法》将食品安全界定为"食品无毒、无害，符合应当有的营养要求，对人体健康不造成任何急性、亚急性或者慢性危害"。更有学者明确表示，"食品安全是以社会公共秩序和公众健康的需求为逻辑起点，行动的结果是食品的安全性结论的正效应的具体实现，其实现的途径主要是公共管理部门的行政性行为，包括立法、基于科学基础的政策制定、行政执法行为、行政指导行为和鼓励社会其他各种资源的参与"[156]。可见，人们对食品安全的认知已经从"量的保障""质的安全"扩展到"保持有益健康的条件和措施""担保"和"管理方法与措施"。这表明食品安全的内涵正在不断地丰富和发展。

食品安全的内涵包含两个方面：一是自然属性，二是社会属性。食品安全的自然属性是指食品本身的安全性。它是某种物质从量和质的角度确保能否食用的规定性，揭示了食品对食用者产生的客观实际效果。而社会属性则是以食物的客观结果为基础引申出来的对食品安全的认知，采取各种预防手段和控制措施来确保食品安全，避免或消除社会危害的一系列公共过程。所以，食品安全不只是食品生产的技术问题，更是为保障公共健康，维护公共秩序而采取的一系列公共行动。哈贝马斯认为，公共性意味着公共领域对所有公民无障碍的开放性，公众在公共领域内对公共权力和公共事务的批判性，以及遵循自由、民主、正义原则进行理性商讨所达成的可以促使独立参与者在非强制状态下采取集体行动的共识。当社会公众为捍卫身心健康、维护社会秩序这个共同目标而达成一致意见并采取集体行动时，食品安全便被赋予了不可剥夺的公共性。食品安全的公共性是食品生产经营者、公共部门、消费者、第三部门等社会主体对食品安全问题的共同关注、共担责任，并为此达成一致的共识和采取的集体行动。公共物品理论为食品安全公共性的生成逻辑提供了充分的解释依据。

1. 食品安全的公共物品属性

显然，食品安全是向全社会提供的，且关系到"多数人共同的利益"而不能被独享的公共物品。萨缪尔森指出，公共物品或服务是向整个社会共同提供的，其效用为全体社会成员所享用，不能将其分割为若干部分分别归属某些个人或企业享用。公共物品具有效应的不可分割性、消费的非竞争性和受益的非排他性三个基本特征[157]。食品安全同样具备以上特征：第一，食品安全效应的不可分割性。食品安全是向整个社会提供的公共物品与服务，而不是只供个别成员或集体单独享用。把食品安全进行分割后单独分配将会造成恶性竞争，严重损害一部分人的身体健康，进而引发社会矛盾。公共部门为保障食品安全而做的制度安排与管理行动也是面向全体公民付出的努力，而非专门为某些个人或特殊群体服务。第二，食品安全消费的非竞争性。某个人对食品安全的消费不会排斥、妨碍其他人同时获得食品安全的机会。在多数人消费的情况下也不会造成食品安全的总量和质量的减少。第三，食品安全受益的非排他性。即无论食品安全表现为客观还是主观形式，其效应范围将覆盖全部受众，任何人都可以对其进行消费而不能同时拒绝、排斥他人的消费。可见，食品安全属于典型的公共物品，而非私人物品。正是由于食品安全的公共物品属性从根本上决定了它具有天然的公共性。

2. 食品安全的外部性与公共性

布坎南指出，只要某人的效应函数或某厂商的生产函数所包含的某些变量在另一个人或厂家的控制之下，就表明该经济中存在外部性[158]。公共物品的外部性告诉人们，对自身利益的追求在某些情况下导致的结果可能并不能真正实现大多数人的幸福。正因为有了物品的外部性，才衍生出公共物品的公共性。作为一种公共物品，食品安全的外部效用远远超出了交易双方的决策范围。它对公共安全、经济发展、社会秩序、道德诚信等诸多方面产生深远影响。食品安全的公共性与外部性之间相互作用，彼此影响。食品安全公共性的巩固程度直接影响到其外部性的效用方式与效用程度，而食品安全的外部性效用也会影响食品安全的公共性状态。公共物品的外部效应有正外部性与负外部性之分。正外部效应是指给交易双方之外的第三方所带来的未在价格中得以反映的经济效益，而负外部效应则会给交易双方之外的其他人带来损害。食品安全的外部性也存在正负两种效应，它与食品安全公共性之间存在不同的逻辑关联。

从食品安全的公共性来看，如果各种社会力量能共同维护食品安全，使食品安全的公共性得到充分保障，那么食品安全事故数量就会减少，负面影响就会降低，这时食品安全的外部性更多的是以正效应的方式体现。若食品安全的公共性供给不足，那么市场上的不安全食品就会增多，这时食品安全的外部性则更多地以负效应方式呈现，这也将会在食品生产经营者之间产生坏的示范效应，从而减少食品安全的供给机会与可能，使负外部效应与公共性之间形成恶性循环。从食品安全的外部性来看，因为食品安全的正外部效应符合人们的利益诉求和社会需求，能够得到广泛认同，也会促使更多的社会主体为促进食品安全做出更多努力，使公共性与正外部效用之间形成相互促进的良性循环。

二、食品安全问题公共性的危机

长期以来，由于人们过度追求食品的商品性价值，忽略了对食品安全公共性的捍卫，使得在我国食品安全的公共性格局中，市场权力一家独大，政府丧失了捍卫公共利益的独立性，而社会力量处于一种行动力不足的原子化状态[159]。正是由于食品安全公共性供给的严重不足，导致了一系列重大食品安全事故的连续爆发。食品安全公共性危机的原因主要有以下几个方面。

（1）食品利益相关者追求私人利益的正当性削弱了食品安全的公共性。尽管食品安全属于公共物品，但毕竟建立在食品的商品性基础之上。食品生产经营者在食品交易中的首要目标是最大限度地追求食品的商品性价值，而不是实现其公共性目标。Richards 研究认为，潜在的食品安全事故会减少企业利润，但是采取控制措施也会减少企业利润，只有当前者超过后者时，企业才会采取相应的控制措施。然而由于食源性疾病的不确定性，潜在的损失也具有很大的不确定性，而企业在事件未发生之前，往往倾向于低估损失，不采取任何控制措施；如果因为某个企业的食品安全问题导致消费者对所有同类产品失去信心，那么即使单个企业采取了有效的食品安全控制措施，也没有太大意义，因而导致单个企业缺乏控制食品安全的动机。食品经济链条中的利益相关者忽视对食品安全的绝对保障是导致食品安全公共性遭到削弱的最直接也是最根本的原因。

（2）食品安全供给中的"搭便车"现象导致一部分食品安全公共性流失。由于公共物品或服务的消费不具有排他性，这部分人完全有可能在不付任何代价的情况下，享受由其他人出资贡献的公共物品或服务。这就形成了所谓"搭便车"现象。"搭便车"问题影响着公共物品供给成本分担的公平性，进而影响公共物品供给能否持续和永久[160]。在食品安全供给中，一些食品企业利用信息不对称优势搭乘安全食品的"便车"，将不安全的食品投入市场，攫取高额利润。这种"搭便车"机会助长了提供不安全食品的行为，直接损害提供安全食品企业的经济效益，打击这些企业提供安全食品的积极性，甚至转而提供不安全食品。

（3）"理性经济人"管制资源滥用与监管职能缺失削弱了食品安全的公共性。在我国，体现这种管制的形式是免检产品制。三鹿奶粉曾经连续多年被评为国家免检产品。监管机构利用其公信将一种高品质的形象赋予了"三鹿"产品，在免检和非免检产品之间建立管制，而消费者赋予管制机构的监管权力并没有得到充分有效地利用，造成了食品安全流通中监管的真空状态。公共部门由于"理性经济人"的本性会尽可能减少行政成本，规避行政问责，避免伤害与企业的某种特殊关系等，以致未能很好地履行维护食品安全的公共职能，从而导致食品安全问题不断出现。

（4）社会诚信缺失使食品安全公共性的道德防线失守。温家宝总理在一次座谈会中提到：近年来相继发生"毒奶粉""瘦肉精""地沟油""彩色馒头"等事件以表明，诚信的缺失、道德的滑坡已经到了何等严重的地步。生产销售安全的食品是一个企业和商家最起码的常识和道德认知。但任何法规制度归根结底都有赖于人的自觉遵守，而当有人执意要忽视或破坏规则时，再完备的制度也是枉然。自觉遵守规制的心理动机一方面来自规制的力量在个体内心所产生的威慑，另一方面是个体内心的道德观念对自我的要求。道德支撑是制度效用的底线。而当道德退却，制度就会失效。当生产销售不安全食品成为道德上的不自觉和普遍无意识时，伪劣商品的制造者和经营者同时成了不安全食品的受害者，长此以往，就会形成恶性循环。这意味着整个社会陷入了集体麻木和对生命尊严的漠视与践踏的可怕境地。

三、食品安全公共性危机的社会共治

虽然经典公共物品理论认为，纯公共物品应该由政府单一提供，但学者们已经论证了公共物品供给中存在"市场失灵""政府失败"和"自愿供给"的可能性。因此，公共物品供给方式的选择可以由纯公共物品供给所致力于实现的公共利益目标来衡量。公共利益目标的实现程度可以具体化为供给绩效，这就要求我们在供给方式与供给绩效之间建立起内在联系[161]。所以，要使食品安全公共性得到充分保障，就得在私人供给、政府供给、社会自愿供给抑或联合供给与其各自供给绩效之间建立现实关联，让所有食品安全主体尽到维护食品安全的本位责任才能确保食品安全的最终实现。

1. 食品安全公共性的私人供给

Auster 认为，完全垄断者一般不可能生产出最优水平的公共物品。但在长期均衡中，公共物品的竞争性生产方式恰恰能够实现此类物品的最优供给。在市场经济条件下，食品的提供主体是市场组织和个人而不是公共部门。因此，追求食品的商品性价值——私人利益而非公共利益是食品提供者的原始动机与最终目标。但食品毕竟不同于一般的商品，它只有在保障消费者身体安全的前提下才能进行生产经营。尤为重要的是，这种食品安全不能只满足个别付费者的需求，必须向全社会提供才能得到许可。事实上，食品生产经营者是保障食品安全的第一责任人，他们在食品生产经营链条的每个环节都负有十分重要的责任。食品生产经营者要加强生产自律，自觉保障食品安全。一方面，在农产品的育种、种植、养殖、加工、销售过程中必须自觉遵守各类食品安全法规制度，严格规范各种农药、化肥、抗生素、激素、添加剂的使用。另一方面，在食品生产、加工等流通过程中要严格遵守食品安全生产操作规程，改善食品生产经营环境和条件，增强员工的安全卫生意识，提高生产管理技术，积极借鉴国际先进管理方法，以确保食品安全。再者，增强企业管理者、员工的社会责任感与道德意识。所以，食品生产经营者提供安全健康的食品是保障食品安全公共性的第一道也是最重要的屏障。

2. 食品安全公共性的政府供给

虽然政府允许私人提供某些公共产品，但绝不意味着政府让渡了其提供公共产品的全部责任。一旦在公共产品供给中出现"成本与收益"关系倒挂，私人组织就会失去提供公共物品的兴趣。特别是市场主体为追逐私人利益最大化，可能将市场机制的负效应转嫁给消费者和社会，最终引发社会危机。所以，为了抑制私人提供公共产品可能会出现的负外部性问题，保护公共利益，政府必须加强对私人提供公共产品行为的约束[162]。为了保障食品安全的公共性，政府所需要做的是提供制度形态和行为形态的公共服务。

一方面，制定完备的法律规制是保障食品安全的基础。由于食品的流通环节多，涉及领域广，专业化程度高，政府必须制定各种法律、规定、标准等制度对食品生产经营者的行为进行约束与调控。美国早在一百年前就制定了《联邦肉类检验法》，后续出台了大量食品安全法规，形成了一个庞大而严密的食品安全法规体系。英国政府就与食品有关的沙门氏菌的立法就有十多部。欧盟在 2002 年确定了"从农田，畜舍到消费者餐桌"的食品安全通则。我国必须构建一个以国际食品安全法规为参照，《食品安全法》为核心，其他具体法律为配套，地方食品安全管制法规为基础，食品安全技术法规和标准为支撑的多种层次的法律法规体系[163]。

另一方面，建立科学的监管体系和机制是实现食品安全的保障。Tompkin 提出政府与企业共同承担保障食品安全这一公共目标，企业具有保障食品安全的基本责任，而政府的角色就在于检查和核实企业是否履行了其职责。为了确保企业确实履行基本责任，政府必须建立完善的监管机制，加强监督检查、风险管理、科普宣传以及应急处理等。美国建有联邦、州和地方政府既相互独立又相互合作的食品安全监督管理网，在全美设立多个检验中心或实验室并向各地派驻大量调查员。欧盟的欧洲食品安全局设有管理委员会、行政主任、咨询论坛、科学委员和 8 个专门科学小组，遵循独立性、先进性和透明性的工作原则，统一管理欧盟内所有食品安全事项。目前，我国建立了以食品安全管理办公室为中心，整合卫生、工商、农业、林业等部门的食品安全监管体系，形成了以分段监管为主、品种监管为辅的食品安全监管模式，但仍需进一步打破行政分割，加强部门协同合作，提高食品安全监管效率。

3. 食品安全公共性的社会供给

由于食品安全违法行为具有很强的隐蔽性和随机性，完全依靠企业自觉和政府监管也不一定能达到预期效果。积极引入多种社会力量，充分利用其灵活性、专业性、独立性等优势参与食品安全监管，对于弥补政府与市场不足具有不可取代的作用。

消费者虽是不安全食品的直接受害者，但也是打击食品安全违法活动的重要力量。消费者要积极学习鉴别假冒伪劣食品的知识和方法，自觉抵制不符合卫生标准的食品，树立科学理性的消费观念。消费者还要积极参与食品安全立法、风险交流、舆论宣传、监督举报等活动，成为维护食品安全的积极力量。新闻媒体凭借其专业力量和资源优势能获得更多的信息，引起社会的更多关注，传媒在监督食品安全生产经营、促进食品安全立法执法、信息沟通等方面均能起到很好的作用。

将食品安全管理的部分非核心业务进行外包，把部分辅助职能转移到第三部门如专业中介机构、行业协会和非政府组织，已经成为世界各国普遍采用的方式。如美国食品专家协会（IFT）、美国微生物学协会、食品和环境卫生专家联合会、食品和药品官员联合会等组织，在食品安全技术管理、制定规范、行业培训、组织研讨会、出版等方面发挥着积极作用。日本的食品卫生协会派遣食品卫生指导员进行卫生知识指导，开展自我保护、水产品质量检测等工作。我们也应该广开渠道，充分利用各类社会组织和机构参与到食品安全的保障工作中来。

4. 食品安全公共性的联合供给

公共性就意味着公共领域的参与者愿意并且能够对自己生活在其中的共同体制度以及公共事务表达自己的意见。治理意味着政府部门的核心地位被动摇，向地方分权、社会分权甚至跨国际组织分权成为趋势，政府之外的治理主体须参与到公共事务的治理中，政府与其他组织的共治、社会的自治成为一种常态。治理强调国家与社会、政府与非政府组织、公共部门与私人部门、公民相互交流、合作与协调。

尽管市场、政府和社会力量在保障食品安全中均发挥了重要的作用，但是单凭某方的一己之力均无法保障食品安全公共性的充分供给。只有联合市场主体、政府部门、消费者和各种社会组织等各种力量，相互协调，彼此合作，积极参与，形成多元主体联合治理的格局才能充分保障食品安全的公共性。构建由政府、市场、社会等多元主体积极协作的新公共性治理格局，有赖于三者在新公共性格局中发挥各自的作用，也是化解食品安全问题的最终途径。

第五章

范式与路径：食品安全问题网格化社会共治模式

如果社会转型期是我国社会发展进程中的必经阶段，那么由此带来的社会失范与社会越轨也是其必然产物。保障社会转型得以顺利进行和最终成功，有赖于社会控制理念与控制方式的转变与创新。同样，社会转型这种特殊社会形态在给我国食品安全问题治理带来诸多挑战的同时，也为创新食品安全控制模式孕育着新的机遇。

第一节　网格化管理的理论范式

网格化社会管理模式正是在我国社会转型发展时期产生的一种新兴的社会管理理念和模式，它通过借用现代信息领域的网格管理技术和方法对社会公共事务进行精准管理，取得了较好的成效，成为我国社会公共事务治理的一种新范式。我们认为，网格化管理理论与食品安全问题治理之间存在内在的逻辑契合，能够为实现食品安全的有效治理提供新的思路和方法。

一、网格化管理理论的兴起与内涵

随着我国社会的转型发展，城市公民对高效、快捷、公平的公共服务需求也越来越高，传统的行政管理模式与运行机制已无力承载巨大而复杂的公共服务职能。正是在这种背景下，网格化管理理论应运而生。

网格理论最先源于信息科学领域的网格技术。所谓网格是一种以现代互联网技术为基础的新兴技术，它通过将高速互联网、高性能计算机、大型数据库、传感器和远程设备等技术设备融为一体，从而实现信息、存储、通信、计算等各种资源的全面共享，以达到消除信息孤岛和资源孤岛的最终目标，为科学研究和生产生活提供更多的资源、功能和交互性[164]。在这个虚拟超级计算机体系中，每一台计算机就是一个节点，节点之间相互交错连接，形成若干个功能网格。网格的最大特点是资源共享、协同解决、统一服务。网格技术已在资源勘探、交通运输、生物医学、气象水利、电子商务、金融环保等行业被广泛运用。且随着研究与应用的不断推进，网格管理逐步从技术领域延伸到社会科学领域。在我国网格化管理理论逐渐发展成为一个相对独立的理论体系，并在实践中形成了诸如北京"万米单元网格化城市管理模式"、舟山市的"网格化管理、组团式服务"等多种网格化城市管理和社会管理模式。研究认为，所谓网格化管理就是按照一定的标准将管理对象划分成若干网格单元，利用现代信息技术和网格单元间的协调机制，实现各个网格单元之间有效地信息交流，透明地共享组织的资源，以最终达到整合组织资源、提高管理效率的现代化管理思想[165]。网格化管理以其独特的模式结构、功能特点、技术优势和运行机制形成了一套系统的公共管理新机制。

1. 网格化管理的主要特点

第一，管理方法信息化。与传统的公共管理模式不同，网格化管理的最大特点是实现现代信息技术与公共事务管理的高度融合，实现公共管理信息化。网格化管理中大量运用了网格技术、3S技术、数据存储技术、移动通信技术、中间件技术等现代信息技术。这种将现代科学技术与公共管理理念进行有机融合，促使工具理性与价值理性的高度统一的新兴管理模式，对推动管理理论更新，优化管理流程，提高管理效率等产生了前所未有的积极效应。

第二，管理目标精细化。精细化管理是现代管理科学发展的新趋势和必然要求。它通过对管理任务进行具体细分和精确定位，明确各关键控制点的管理责任，确保以产品和服务质量为核心，建立起一套科学、高效业务流程。网格化管理正是这样一种基于信息技术的精细化管理模式。如北京市东城区在对城市所有部件进行细化分类的基础上，将管理对象精确到井盖、路灯、邮筒、垃圾箱、公厕、绿化带、电话亭、停车场等具体事物，并确保每个对象都有相应的网格管理员进行及时管理。这种城市精细化管理模式能够确保公共管理的全面覆盖，没有死角和盲区，而且能及时准确。

第三，监督管理独立化。网格化管理模式通过对业务流程再造，依托信息管理平台，建立管理监督中心和指挥协调中心，形成管理职能与监督职能分开的两极管理体制。这种将专门监督职能独立建设并与社会公众监督构成统一的监督评价体系，与传统的管理与监督有区别，有利于大大提高管理效率和水平。

第四，管理过程动态化。网格化管理通过网格化管理信息系统，将各个业务管理环节连接成一个无缝隙管理流程，实现了管理过程的动态监控与实时更新。也就是说，通过网格管理员的不间断巡查，一旦发现问题，就能在第一时间通知到相关部门进行处理，而此后的处理结果反馈、核查验收等管理活动能通过信息系统进行快速传递与自动衔接。这样就可以避免管理工作处于被动、拖延状态，有利于实现准确、及时的动态化管理，使管理工作的主动性和效率大大增强。

2. 网格化管理的业务流程

网格化管理活动的业务流程分为以下几个阶段，如图5-1所示。

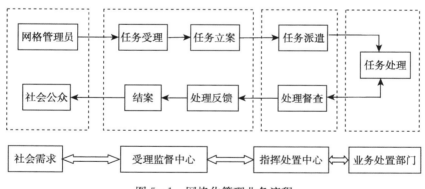

图 5-1　网格化管理业务流程

（1）信息采集。网格管理员通过实地调查，了解发现问题后，以文字、图片、表单、录音等形式采集信息，并通过无线数据采集器上报到网格监控中心；社会公众也可以通过电话、网络或者面对面等方式，将可能或存在的食品安全问题举报致网格管理员或网格监控中心，经网格管理员核实后上报网格监控中心。

（2）识别立案。网格监控中心接收网格管理员上报或群众举报后，对问题的真实性、类型、性质进行甄别，对真实的有必要处理的信息进行立案，之后将案件转移到网格管理协调中心。

（3）任务分派。 网格指挥协调中心接到案卷后，根据任务属性与职能部门之间的匹配度将任务派遣至相关职能部门。对一些相对简单，可由单一职能部门处理的业务直接转到相应职能部门；对一些较为复杂，需要管理部门审批或多部门协调的任务，则转到管理部门或协调指挥中心集中研究处理。

（4）业务处理。 相关部门接到网格指挥协调中心传来的任务指令后，根据任务状况与职责权限以及相关政策法规，通过各种手段和方式对相关问题进行恰当处理。

（5）结果反馈。 在问题处理完毕后，各业务部门将处理结果的信息反馈到网格协调中心，再由网格协调中心将问题处理结果信息批转到网格监控中心，由监控中心进行核查。

（6）核查结案。 接到反馈信息后，网格监控中心通知区域网格管理员去现场对处理结果进行核查。网格管理员再将核实结果上报到网格监控中心。如果网格监控中心看到核查信息与处理信息一致，即可通知监控平台进行结案处理；如果不一致，再将问题转向协调控制中心，进行进一步研究处理。

3. 网格化管理体系结构

根据事务管理的实际情况，网格化管理系统结构主要由网格单元与网络设备、网格化管理基础数据库以及网格化管理应用数据库三大部分构成。网格单元与网络设备是进行管理的基本条件，网格化管理基础数据库是系统运行的核心，而网格化管理应用数据库是系统功能的实现途径。其结构如图 5-2 所示。

4. 网格化管理的技术基础

网格化管理模式的构建与运行是建立在多种现代信息技术基础之上的，其中主要包括 3S 技术、空间数据库（SDE）存储技术、地理编码技术、网络通信技术、构件与构件库技术等。其中 3S 是指 GIS、RS 和 GPS。GIS 即地理信息系统（geography information system），它是以整个或部分地球表层空间的有关地理现象和事务的地理空间分布数据为处理对象，并对其进行采集、运算、提取等处理加工的技术

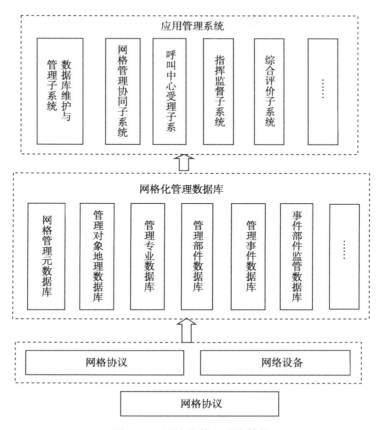

图 5 - 2　网格化管理系统结构

系统[166]。RS 即遥感技术（remote sensing），是一种通过运用电磁波辐射理论与技术，借助传感器对各种远距离目标进行信息收集处理、识别探测的综合技术，能够快速提供大范围、准确全面、动态变化的资源环境数据和图像信息，可实现信息可视化管理。GPS 即全球定位系统（global position system），它可在全球范围内全方位、全天候、全时段为各类用户提供高精度的位置、速度和精确三维定时信息。3S 技术集成实现空间数据的实时采集、传输、转换、管理和更新，具有在线性、实时性和整体性等特点。地理编码技术（Geocoding）是一种基于空间定位技术的编码方法，它是一个将地理位置信息与空间坐标进行互换与互现的关系过程。随着信息技术的发展，空间数据库系统已经不能满足需要，信息系统开始从管理转向决策处理，形成的一个面向主题、集成、持久、变动的空间数据信息集成方案，即空间数据仓库（SDW）。构件与构件库技术是一种可复用软件模块，被用来构造其他软件。它可以当作对象类、类树、功能模块、软件构架、分析件等被封装。构件库是把一组功能和结构有关联的构件集成在一起形成的一个有机系统，具有对组件进行查询、管理、编辑组件的功能。

这些现代信息技术的运用能充分保障网格化管理系统实现资源整合、信息共享、职责明确、协同服务以及高效运行。当然，这些信息技术的选择使用可根据管理任务的具体需要来确定。

二、网格化管理的案例分析

我国网格化管理实践始于 2004 年北京市东城区推出的"万米单元网格化城市管理"模式。由于成效显著，经媒体宣传报道后引起广泛关注，被作为现代城市社会管理的范本广泛推广。随后全国范围内近 50 个城市试点推广网格化管理模式，并产生了一批具有特色和代表性的实践形式，如北京东城区模式、浙江舟山模式、上海黄浦区模式、湖北宜昌模式等。

1. 北京东城区"万米单元网格管理"模式

北京市东城区依托数字城市技术，结合东城区的实际提出了"精细化、网格化、信息化、人性化"的"万米单元网格管理"新城市管理理念，使社区管理水平和效率大大提高，如图 5-3。其主要做法包括以下几个方面。

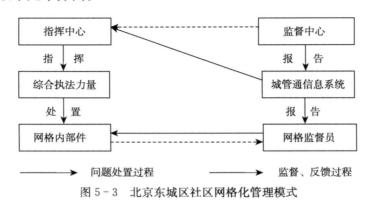

图 5-3　北京东城区社区网格化管理模式

（1）划分网格单元。东城区以每万平方米为基本标准将全区 17 个街道、205 个社区划分为 589 个单元网格，以"责任制"为依托，按照完整、便利、均衡和差异性的原则，综合考虑"人、地、物、情、事、组织"等因素[167]，按照区级、街道、社区和网格四个层级建立网格化管理框架体系，实现对网格内城市问题管理的精确定位，大大减少了管理的盲目性。

（2）城市部件管理。东城区通过地理编码技术将辖区内所有部件赋予特定的数字编码，并以地理坐标的方式将部件定位在网格地图上，通过统一的网格信息平台对城市物件进行分类管理。根据物件功能差异，东城区将全部城市部件分成 6 大类和 56 种类，共计 16 833 小件，小到井盖、路灯、邮筒、垃圾箱，大到电话亭、公厕、停车场。只要输入编码就可以在信息平台显示出部件的名称、数量、位置、所属社区及管理部门[168]。一旦发生突发状况，相关管理部门能够在第一时间得到精确定位并快速处理。

（3）建立网格化管理信息平台。信息化平台建设是网格化管理的中心枢纽。东城区建立起"区级、街道、社区、网格"四级构成的信息系统，将区域内所有业务办公、基础数据库、地理数据、社会管理、社会服务等信息整合到统一的信息平台，形成了一个覆盖全面、互通共享、动态更新、功能整合的综合性社会服务管理系统。通过构建网格化城市管理信息平台及应用系统，将网格内孤立、零散、无序的信息整合为有序、系统、可共享的资源体系，从而使得在一个较大区域内实现精细化管理与提供全方位服务成为可能[169]。

（4）建立"双轴心"管理体制。东城区通过整合多个政府部门的管理职能，在区级创建了城市管理监控轴心和管理指挥轴心，分别行使监督评价和指挥调度职能。监督轴心接受监督员上报的信息后进行甄别立案，将问题送达管理指挥中心处理，并对处理结果进行监督和评价。管理指挥中心接到任务信息后根据任务归属，派遣相应职能部门进行现场处理，并将处理结果报告监督中心。这样就形成监督和管理职能分开运行而又协调一致的"双轴心"管理体制和运行机制。

（5）再造城市管理工作流程。东城区网格管理员通过"城管通"

对其辖区内网格单元中的所有部件状态进行全时段动态监控，并利用"城管通"进行信息传递和反馈。所有工作流程分为 7 个步骤：①信息受理；②信息审核；③任务派遣；④任务执行；⑤执行督查；⑥结果核查；⑦结案。以此形成一个闭环式工作流程。

2. 浙江舟山模式

从 2007 年开始，浙江舟山市在全市范围内推行"网格化管理、组团式服务"的社会管理新模式，借以推动基层社会管理模式从"管制"到"服务"转型，如图 5-4 所示。

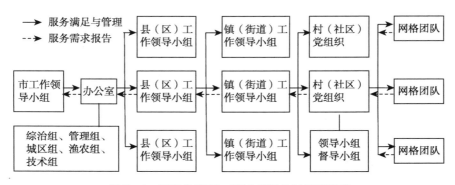

图 5-4　网格化管理、组团式服务与组织系统

（1）划分网格，建立五级网络管理服务体系。舟山市的网格划分是以自然村及集中居住区为基础，综合村、社区的地域范围、人口数量、集散程度、生产生活习惯等情况进行合理划分，不搞一刀切。一般情况下，农村以 100～150 户构成一个网格，城市社区则可适当扩大基数。到 2008 年底，舟山市已组建完成 2 430 个基层治理网格，基本形成了一个覆盖城乡、条块结合的"市—县（区）—乡镇（街道）—村（社区）—网格"五级结合的网格组织结构体系。与此同时，各级组织还平行设立由各级职能部门合作组建的五个工作小组，包括综治平安组、团队管理组、城区工作组、渔农工作组、技术保障组，实现基本做到基础服务管理"横向到边，纵向到底"的全覆盖。

（2）组建服务团队，提供全方位服务。为了便于向居民提供全面的公共管理与服务，舟山市为每个网格配备了一支由乡镇（街道）机关干部、社区干部、医护人员、教师和民警组成的 6～8 人管理服务团队。管理服务队每年要到网格区域走访至少 4 次，收集网格中所有居民的基本信息，包括家庭状况、就业、住房、土地承包、计生、教育、优抚救助、医疗、党建群团等，同时帮助协调解决群众反映的问题和困难。除此以外，团队成员还通过多种方式开展经常性的联系服务活动，如发放联系卡、电话联系、蹲点调查、短信互动等，实现了民意表达经常化、全覆盖，通过组建网格服务团队，建立社区服务信息化、精准化与快速回应的新型基础社会管理模式[170]。

（3）建立信息化平台，实现资源共享。为了实现"网格化管理、组团式服务"的管理目标，舟山市构建了一个完善的网格化管理信息系统。这个系统由基础数据、服务办事、短信互动、工作交流和管理系统五个部分组成。其中基础数据只存在于内网，主要用来记录网格内居民个人以及家庭的基本情况等信息，并根据情况变化进行动态更新。服务办事属于外网，是一个向外界开放的供居民网上办事的窗口，也是政府职能部门向居民提供各项公共服务的工作平台。另外，短信互动与工作交流均是网格管理团队、政府公职人员与网格居民之间进行信息互动和工作交流的公共平台。五大功能模块之间通过网络信息系统实现互通互联，信息共享，协同运行。县（区）、乡镇（街道）、村（社区）也都各设有信息站，安排专职信息管理员，专门负责信息系统管理维护及信息输入以及信息反馈工作[171]。所有社区和网格成员通过这样一个网络信息平台联成一个统一整体，实现了一口受理、一网协同。这不仅有利于政府电子政务功能的拓展，也从根本上更新了政府的管理理念和服务方式。

三、网格化管理：一种社会管理的新范式

尽管网格化管理理论与模式仍处于不断完善与发展之中，还"存在着运行成本过高、持久性不强、社区自治弱化、网格泛化等风险，但它的理论特征与实践成效仍被学界普遍认为是新时期中国城市社会治理的一种创新"[172]，为公共管理理论发展提供了一种新范式。

1. 网格化管理创新了管理方法与技术

我们看到在各种网格化管理模式中，都大量通过利用多种现代信息技术，实现了科学技术与公共管理的深度结合，大大提高了管理效率，创新了社会管理方法。比如，单元网格管理法就是通过运用网格地图技术将一定的地理空间，按照实际需要划分为若干独立的管理单元，对网格内的每一管理对象的空间位置进行精确定位，方便网格管理员对其实施精确监控。城市部件管理法就是运用地理编码技术将全部城市部件和事件按类别赋予特定的代码，定位在网格图中，建立统一的数据库，通过代码搜索，可以在信息平台找到其名称、现状、归属部门和准确位置等有关信息。城市网格管理信息系统技术，如GIS、GPS、RS，还有网络技术、数据存储与备份技术、数据库技术、数据挖掘技术等也被广泛运用。

这些现代信息技术有利于实现精确定位管理对象，细化管理任务，加强部门横向联合，促进主体协同合作，对超越传统行政管理的行政命令、官僚意志、一元决策、部门分割，以及克服社区管理中的权力分散、自治失灵、重复博弈等弊病表现了明显优势，大大丰富了管理方法。网格化管理是在原有政治和行政体制框架下推行的，传统制度的惯性对社会管理改革会造成一定程度的阻滞和延误。而网格化管理则能通过其技术优势绕开制度障碍，表现了极强的灵活性与实用性，从而提高管理效率，提升公共服务水平。

2. 网格化管理创建了新的组织结构形式

长期以来，我国对社会公共事务的管理主要是通过单位、公社、街道居委会等"全能式"行政组织实施的。这种"金字塔"形官僚制组织结构通过垄断全部社会资源，向社会提供全部公共服务。随着城市发展的加速，城市规模和容量呈爆炸性增长，居民的公共服务需求日益复杂，官僚行政部门对海量的行政性、社会性事务不堪重负，以致行政效率低下，矛盾丛生，难以为继，迫切需要新的社会组织来分担，以分解行政组织的压力。

网格化管理构建的"区级—街道—社区—网格"四级组织结构体系是一种虚拟化、扁平化、功能化的新型组织形式，在一定程度上弥补了传统行政组织的功能缺陷。在组织结构上，网格化管理不再单纯依靠对基层行政机构的重组，或者建立社区自治组织实现对基础社会的管理，而是利用信息技术，组建公共服务信息平台，在技术、资源与公共服务之间建立起新型嵌合关系。在组织运行机制上，网格化组织充分实现信息共享机制、资源整合机制、部门协同合作机制，打破部门分割、职责不分、权力集中种种弊端，大大提高组织运行效率。在组织运行动力上，网格化管理不再单纯依靠行政命令、官僚意志或自愿精神来推动，而是以服务精神、责任意识和公众监督完成管理任务。这种组织结构形式的重建有助于塑造新的组织机制、优化资源配置，提高运行效能，完善公共服务。

3. 网格化管理构建了新的管理机制

以现代信息技术为鲜明特征的网格化管理模式形成了一系列新的运行机制，如共享机制、独立监督机制、协同机制。新的管理要素给公共服务体系运行注入了新的生机与活力。

共享机制。网格化管理信息平台是网格化管理模式的运行中心，这种结构模式便于横向联系与资源共享。一是信息共享，网格化管理体系通过网格管理员收集的信息，构建一个巨大的"信息池塘"，各部门和主体均可根据需要提取有用的数据信息，形成"一次收集，多次分散共享"的信息共享。二是流程共享，各部门根据业务流程的需要，将具有共同性的流程从整体结构中超脱出来单独建构，为各个部门服务。

独立监督机制。网格化管理模式在体制设计中建立了管理监督和指挥协调两个中心，一套体系，"两个轴心"，各负其责、互动促进。新模式将监督职能独立出来，成为一个单独的组织结构分中心，专司监督检查、评估问责、反馈协调职能。这种监督主体独立化的设计使城市管理系统结构更加科学合理，改变了过去业务部门或既执行又监督，或重执行轻监督，或有执行无监督，或重过程轻结果的管理模式，有助于强化社会管理和公共服务的执行职能，克服了以往城市管理与服务中应付式、运动式、被动、拖延等弊端，大大提高了管理效率。

协同机制。社会基层管理中的问题性质类型，居民的各种服务诉求往往复杂多样，需要不同职能部门之间协调合作、相互配合才能得以解决。网格化管理通过建立网格化管理信息平台，将所有涉及社会管理工作的各个专业部门和基础行政机构、社会组织乃至居民个人等社会资源在这个虚拟空间关联起来，建立一个跨职能的业务域，形成一个统一协调的网格化管理大系统。另外，通过建立信息收集、立案、任务派遣、任务处理、核查、结案等工作环节进一步优化业务流程，促进了"条"的管理服务与"块"的网格化平台纵横交错与"条块结合"，构建一个对城市全空间的有层次、分等级、全区域的业务管理协同运行机制[173]。

4. 网格化管理重塑了新公共管理精神

网格化管理模式摒弃了传统行政官僚制所带来的机构臃肿，反应迟缓，效率低下，思想僵化，责任心下降，创造力缺乏等陋习，凸显了服务、效率、责任、规范等一系列新公共管理理念。

尽管各地网格化管理模式各有不同，但都是以满足社会公共服务需求为宗旨。所以，无论网格管理员主动发现和解决问题，职能部门上门服务，还是监督部门评估反馈，都是围绕服务大众、满足民生展开的，实现了公共服务需求与满足的"零距离"。管理人员不再是公共事务的被动等待者或者命令者，而是主动的服务者。

网格化管理中信息技术的运用实现了公共服务从问题收集、任务分配到监督反馈的迅时化，问题处置方案预设的程序化，大大缩短了问题流程的时间跨度。比如北京市东城区网格管理的平均处理问题时间为13.5小时；上海市长宁区多数市政问题的处置要求30分钟到现场，现场性问题2个小时内处理完毕，工程性问题一般不超过3天，综合性问题7周内解决。这大大提高了管理效率。

网格化管理对网格中的每一公共事务的存在状态、责任归属等信息进行了精确定位，对处理流程建立闭环式无缝链接；同时建立了独立的监控中心，对执行活动进行全程、全面监督评价。这使得公共服务部门的任务清晰、职责明确，监管有力，大大加强了公共服务的责任意识。

网格化管理从网格划分、事物定位、职责范围、管理流程、监督评估、人员管理等都建立了完备的行为规范和技术标准，整个网格管理体系都依照规范流程有序运行，大大避免了管理行为的随意性和无序性，增强了公共服务的规范意识。这些管理理念正是我国现行公共服务体系运行中所缺少的内在价值追求，对提升我国公共管理水平有着重要的引领和示范作用。

第二节　食品安全网格化社会共治的逻辑关联

针对当前我国食品安全问题的发展态势以及现行治理体系中碎片化问题，特别是社会转型对食品安全治理提出了新的挑战，所以创新食品安全治理机制势在必行。而网格化治理模式的成功经验不仅为社会公共事务治理打开了新的视野，也为食品安全问题治理提供了有益启示。事实上，在食品安全问题治理与网格化管理模式两个主题之间存在着密切的逻辑关联，正是这种逻辑契合使得实现食品安全问题网格化社会共治成为可能。

一、网格化治理有利于对食品安全进行精准监管

随着我国食品工业、物流运输以及食品零售业的快速全面发展，与食品相关的行业产业进入了蓬勃发展的全盛时期。与此同时，食品安全问题也急剧增加。但是食品安全问题不同于其他公共安全问题，具有点多面广、分散性、流动性、隐蔽性以及跨界传播等非常强的独特行业特点，再加上我国幅员辽阔、人口众多、食品生产和需求量巨大，食品交易频繁，饮食文化类型多元，食品安全问题跨界传播，特别是广大农村和边远地区的食品安全监控难度大等因素，使得我国的食品安全问题控制困难重重。

面对如此复杂、海量的监管任务，仅仅依靠政府相关部门有限的力量，通过不定期抽查等传统方法实施监督，难以实现对食品安全的精确监控，以致于监控体系存在巨大的漏洞。主要有以下几个原因：一是监管范围难以全面覆盖，尤其是隐藏在小巷角落的若干作坊容易遗漏忽略，而他们恰恰是制造和隐匿食品安全问题的重要源头。二是监管对象难以精准定位。在我国，从事食品生产经营者人数众多，职业身份多变，行业准入门槛较低，对他们的从业资格与从业过程难以

精准定位。三是监管信息难以有效管理。食品安全产业链条长，衍生环节密集，监管处理流程复杂，权属关系重叠交叉，海量的监管信息通过人工途径难以及时有效处置。所以，传统的监管手段和方法已无法适应现代食品安全问题管理的现实需要，必须借助现代信息技术才能提高监管效率和效果。

网格化管理模式运用的技术方法正好契合食品安全问题管理的要求。正如前文所述，网格化管理通过信息技术将监管范围划分为若干单元网格，利用地理编码技术、地理信息系统等技术手段将食品安全监管对象的身份、就业状态和空间分布等信息进行编码定位，能点对点地针对监管对象进行精准监控，并通过构建统一的食品安全监管信息系统将相关信息进行联合、集中处理，从而实现对整个监管范围全面覆盖、精确定位、动态监控和实时处理，确保对区域内的食品安全情势得到真实掌握，避免监管盲区。

二、网格化治理有利于优化食品安全监管的组织结构

党的十八届三中全会提出，要建立完善、统一、权威的食品药品安全监管机构，以整合优化市场监管执法资源，减少执法层级，健全协作机制，提高监管效能。从 2013 年年末起，我国开始组建市场监督管理局（委），整合工商、质监、食药甚至物价、知识产权、城管等机构及其职能，推进"多合一"的食品安全综合执法改革。通过对食品安全监管机构的改革，食品药品监管职能得到优化，监管水平和支撑保障能力明显加强，我国食品药品安全总体状况明显好转。然而，如何确保各级地方政府层面食品安全监管相关机构设置超越其"本位主义"的局限，使食品安全监管职能在横向与纵向上保持一致性，仍然是各地食品安全改革面临的挑战。

网格化管理构建的"区级—街道—社区—网格"组织体系是一种虚拟化、扁平化、功能化的，利用现代信息技术将各监管主体链接起来的新型组织结构形式。这种新型组织结构突破了传统行政部门实体机构组建的局限，为实现食品安全监管职能的有机组合，进行集中统一的综合运行提供了可行途径。

首先，这种新型的组织结构形式不需要对现有食品安全监管部门

进行机构增减或重组，不会改变行政部门之间的权力格局。它是通过网格化信息管理系统将各行政部门有关食品安全监管职能关联起来而构建的工作职能结构体系，是一种虚拟组织，不是一种实体组织。因此，避免了组织机构增减遇到的种种行政体制障碍，从而完善了该组织的运行效率。其次，这种组织是以功能导向为组织结构设计原则。通过将各相关部门的食品安全职能剥离，整合成一个统一的协同合作网格体系，不会造成各行政机构职能之间的冲突。最后，在组织运行动力上，网格化管理的组织运行不再单纯依靠行政命令、官僚意志或自愿精神来推动，而是以职能目标、服务精神、责任意识和公众监督为动力完成管理任务。所以，推行食品安全网格化管理有利于打破部门分割、各自为政、相互推诿等种种弊端，在一定程度上弥补了传统食品安全监管组织的功能缺陷。

三、网格化管理模式有助于加强食品安全管理的独立监督

在我国传统食品安全管理体制中，监督执行往往依靠自主监督和上级督管来实现，监督方式主要是进行事后监督。行政组织机构的内部性造成监管信息封闭垄断，使上级监督和社会监督均无法自主进入食品安全监管业务流程，进行事先预警监督、过程实时监督、问题处理监督，最终监督无效、停滞或者流于形式。所以"同体监督困境"往往使自我监督和社会监督并不能真正发挥监督的作用。

可见，我国食品安全管理体制改革发展的最大挑战是如何确保食品药品安全监管的专业性和相对独立性。要完成这个任务，一是科学划分机构职责，在强化综合执法的同时，强调专业的事由专门的人来做，所以单独组建各级食品安全监督管理部门势在必行；二是合理界定中央和地方机构职能和权责范围，解决上下一般粗的"权责同构"问题。我国当前食品监管专门机构只设到省一级，带有一定垂直管理的意义，与市场监管分级管理相区别，但是到了基层确出现了机构、人员断层的严重问题，尤其是社区、街道以及乡村的食品安全监管没有专门的组织力量来支撑专业化的监管工作。

网格化管理模式利用现代信息技术建立了一个独立的管理监督中

心，专司监督检查、评估问责、反馈协调职能，与指挥协调中心相互配合，合理各负其责、互动促进。这种监督主体独立化的设计使食品安全管理系统结构更加科学合理，改变了过去业务部门或既执行又监督，或重执行轻监督，或有执行无监督，或重过程轻结果的内部监督管理模式，有助于强化社会管理和公共服务的执行职能，克服了以往城市管理与服务中应付式、运动式、被动、拖延等弊端，大大提高了管理效率。尤其是通过网格化虚拟组织将监管力量向下延伸至社会基层，有效弥补了传统行政监管机构的不足，避免了食品安全监管职能被其他相关机构职能稀释淡化。

四、网格化管理有助于形成食品安全社会协同治理

正是基于我国食品安全形势的复杂性、特殊性以及食品安全问题本身的公共特性的判断，食品安全问题治理的最终解决方案必然是一个多元协同治理的综合性社会化过程。也就是说，要实现从单一行政监管到社会多元共治的范式转变。食品安全治理现代化主要是要改变过去政府一家"单打独斗"的格局，重构政府监管部门、企业、行业协会、新闻媒体和大众消费者等相关利益主体的角色和权力（利）义务关系，突出其在食品安全监管体系中的主体地位，尤其要善于运行现代科技技术手段和方法创新治理理念和治理方式。

事实上，部门之间协同合作的重要性和必要性是一个人人都明白的道理，但往往在实施时困难重重，实效欠佳。导致当前我国食品安全监管体制"碎片化"的重要原因是监管体系运行协同机制不完善。在"分段监管"的食品安全管理体制中，由于各监管部门、机构独立，互不隶属，职能分散，部门监管权力横向联系不清晰，纵向配置难统一，使得各部门之间难以协同合作。而食品安全问题具有很强的外部性，牵涉的因素往往比较复杂，需要不同职能部门之间的相互配合、协同合作，甚至跨区域、跨行业合作，才能解决。而分头进行的业务运行方式，难以保证业务处理时效。

网格化管理通过网格化管理信息平台，将与食品安全相关的企业、政府部门、消费者乃至其他社会组织协同在一个统一的虚拟空

间，形成一个横向联合、协调统一的业务集中处理大系统。网格化管理体系通过网格管理员收集食品安全信息，汇集到食品安全管理信息指挥中心，形成一个公共"信息池塘"。各类信息根据与部门职能之间的匹配关系进行流转，从而带动业务处理进程。这一机制大大改善了按"官僚制"运行的传统行政管理模式的弊端，将分割成段的业务有机地协同起来。

第三节　食品安全网格化社会共治模式构建

根据网格化管理理论，我们提出构建食品安全网格化社会共治模式，即借助网格化管理理论思想和方法，按照一定标准将一定的地理空间划分成若干食品安全监管网格单元，利用现代信息技术和网格的协调机制，建立一个食品安全网格管理信息系统，实现食品安全信息的有效交流，组织资源的透明共享，构筑食品安全协同管理的运作模式，从而提高食品安全监管效能，有效控制食品安全形势。

一、食品安全网格化治理的主要内容

食品安全网格化治理模式的主要内容包括：食品安全管理网格的划分、食品安全信息采集、食品安全事件信息管理和食品安全网格化管理信息平台的搭建。

1. 食品安全管理网格的划分

实施食品安全网格管理的第一步是合理划分食品安全监管网格。网格划分要以容量适度、范围适中、便于监管、体现差异为基本原则。一般来讲，城区以现有中小型社区为基础设置网格单元，乡镇以自然村落为基础设置网格单元。对于食品生产经营活动密集的区域可适度缩小单元网格范围，增加单元网格数量。因为城镇社区和乡镇村落都是现存的较为成熟的最小城乡行政区划，均配备了相应的行政管理机构、人员及其他行政资源，便于行使食品安全监管职责。当然，这些基层网格管理单元可以根据实际工作的需要增添专职或兼职的食品安全网格管理员。在单元网格的基础上，按照网格、社区、街道、区级、市级五个层级建立食品安全网格化管理层级框架（图 5-5）。

通过划分食品安全管理网格，可实现对网格内食品安全问题的精确定位，全面覆盖，有助于对区域内的食品安全状况进行整体掌握和全面控制，以减少管理的盲目性。

2. 食品安全信息采集

食品安全信息采集主要是指网格管理员利用一种能快速采集与传输食品安全信息的手持式专用工具采集食品安全信息的过程。这个食品安全信息采集器具有通话、拍照、录音、信息编

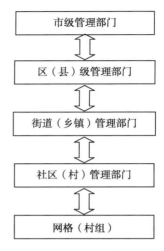

图 5-5　食品安全网格管理层级框架

辑、信息传输等多项功能。网格管理员在各自管理辖区内对各种生产、加工、运输、售卖的食品进行巡查、检查和抽样，及时发现各种不安全食品隐患、现象和事件。食品网格管理员根据巡查的实际情况，获得相关食品安全事件信息，通过采集器进行信息编辑，并将信息发往监督中心数据库平台。当然，网格管理员也可以通过电话、网络举报等方式接受来自消费者、新闻媒体等个人和组织提供的相关食品安全信息。网格管理员也可以接受来自监督中心的指令，以便对处理情况进行核查和反馈，实现信息实时传输。

3. 食品安全事件信息管理

食品安全事件管理就是通过运用地理编码技术将网格区域内所有与食品安全有关的生产经营对象赋予特定的编码，按照地理坐标定位到网格地图上，并将其存储到食品安全网格管理信息平台，进行分类管理。食品安全事件编码按照分类代码加标识码的方式进行组合设计。分类代码的结构由网格单元代码、大类代码和小类代码组合而成；标识码的结构由事件代码、流水号组合而成。网格单元代码是根据地区范围划分的食品网格监管单元设定一个代码，表明事件的地理区域。根据我国当前食品安全管理体制"品种管理"与"分段管理"相结合的基本格局，可将出现在食品药品监督管理部

门、卫生部门、工商部门、农业部门、质量技监部门职责范围内的食品安全事件分为五大类，对每个部门职责范围内发生的事件细分小类。通过赋予食品安全事件唯一编码，根据编码就可以在信息平台看出名称、性状、位置、归属部门，以实现对所有发生的事件进行精确管理。

4. 食品安全网格化管理信息平台的搭建

食品安全信息化平台是网格化管理的中心枢纽，是一个集信息存储、共享、传输、管理于一体的多功能大数据综合平台。其主要功能包括食品安全信息采集与发布、食品安全协调指挥、食品安全风险评估、食品安全经营诚信管理、食品安全统计分析、食品安全短信管理。通过建立这样一个统一信息系统，将各食品生产信息与监管职能相互对接，彼此联通，有助于网格管理员、监督部门、上级决策以及社会公众之间的信息交换互通，起到食品安全信息跟踪、预警、综合处置，降低食品安全风险，从而实现对食品安全监管的及时化、精确化、全方位、全过程监控管理，大大提高食品安全管理的效率。

二、食品安全网格化管理模式的运行流程

为了实现从问题发现到处理结案全过程监管，提高监管效能与效率，食品安全网格管理体系包括通过"发现问题、立案、处置问题、结案"四个基本环节，从发现问题到立案调查到问题查处到结案存档，再发现新的问题以至进入新的一轮循环。四个环节相互连接，环环相扣，整个步骤连成一个运行闭环，实现食品安全监管流程的无缝链接，如图5-6。这样的运行结构能确保食品安全问题处理的相关部门能有效连接，也能避免人为疏漏，甚至政策制度漏洞而导致的问题处理不顺。

更为重要的是，这个流程是依据信息网络系统来推动实现的。当前一个环节的任务处置完毕后就会被系统推送进入到下一个流程，以此类推。每一个换季的任务处置都会留下痕迹，可以查询到处置结果，并找到责任人，从而提高相关部门的工作责任感和工作效率。

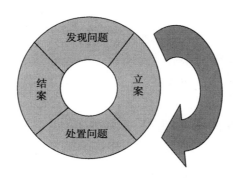

图 5-6　食品安全网格管理系统运行步骤

　　整个业务运行流程的具体环节分为 6 个步骤：发现上报—受理立案—任务派遣—问题处置——结果反馈—核查结案。

　　1. **发现上报**

　　网格管理员在各自所属单元网格中巡查，在发现食品安全问题后通过信息采集器上报至监督控制中心。同时监控中心也可以直接接受来自社会民众举报的相关问题，由监督员核实后再上报。

　　2. **受理立案**

　　网格监控中心接收食品安全网格管理员上报的问题后，进行立案，转送到网格指挥协调中心。

　　3. **任务派遣**

　　指挥协调中心接收到任务后，根据任务性质和任务归属，派遣相关食品安全职能部门进行及时处理。任务性质简单的问题，直接将任务派送到对口职能部门；对任务归属部门交叉，任务性质复杂的问题，则需将任务派送到与之相关的多个部门。

　　4. **问题处置**

　　相关食品安全管理职能部门接到指挥中心的指令后，迅速采取措施，在规定的时限内完成问题处理。对需要多个部门协调处置的问题，则需要多个部门进行协商合作处理。对情况相对复杂，本级不能处理的问题，上报上级部门进行综合协调，研究解决。

　　5. **结果反馈**

　　食品安全监管职能部门将问题处置完毕后，把处置结果反馈到指挥中心，再由指挥中心反馈到监督控制中心。

6. 核查结案

食品安全监督中心根据反馈结果将信息传递给网格管理员，网格管理员对问题处理结果进行核查确定，并将核查结果上传到监督中心，由其完成结案。

每项业务活动分别对应相关管理主体，管理职能在业务流程的带动下得以履行实现。当然这个流程是一个封闭式循环，如图5-7。

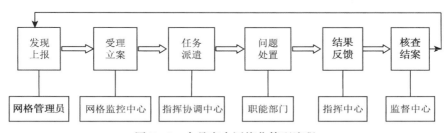

图5-7　食品安全网格化管理流程

三、食品安全网格化管理信息系统

为实现食品安全问题的整体管理与协同合作，将各个相关主体的功能整合起来，围绕食品安全问题治理这个核心，以信息技术和网络技术为基础建立一个"统一标准、统一平台、统一数据、统一网络"的食品安全网格化管理信息系统，通过这个合作治理平台，实现食品安全信息共享与交流。该系统作为实施食品安全治理的核心结构，承载着食品安全信息汇集共享、交换与协同的重要功能，是完成整个食品安全管理任务的基础。根据不同业务类型和使用对象，整体网格管理系统结构由五大主要功能模块组合而成。如图5-8所示。

1. 食品安全信息采集与发布功能模块

信息采集是整个食品安全网格管理的起始阶段，也是首要环节。能否全面、及时、准确地收集有关食品安全问题的信息直接关系到后续管理环节的衔接与管理功能的实现。信息采集的方式主要是网格管理员通过实地巡逻检查，发现问题后上报。还可以其他方式收集食品安全信息，比如社会群众的电话信函举报、网民投诉、热线电话、领导批示、媒体曝光等。信息系统通过专门开各种接口接收来自外部的

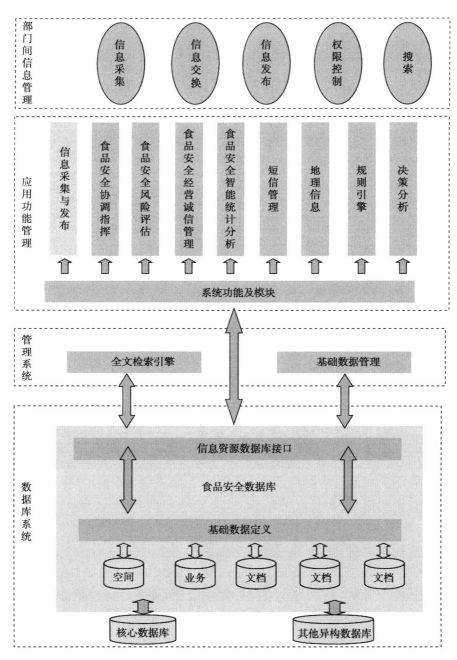

图 5-8 食品安全网格化管理信息系统结构

各种食品安全相关信息。信息发布主要是通过互联网将食品安全信息对外传递，包括向社会公开，向职能部门发布。通过系统平台浏览器发布食品安全信息，可以提高职能部门的反应速度，提高行政效率，也可以帮助消费者了解更多的食品安全信息。

2. 食品安全管理协调指挥功能模块

食品安全协调指挥系统是为区（县）、市级指挥中心，各监管职能部门及相关领导使用，通过浏览器或专门任务界面处理各项业务和信息查询，实现资源共享和远程控制。各级领导和指挥中心可以按照需要查阅问题处理进度和处理结果，随时了解各部门工作的运行状态。该系统通过将任务派遣、问题处理、结果反馈、结果核查、结案存档等环节衔接成一个统一整体，在指挥中心、职能部门和网格管理员之间建立资源共享、协同互动的工作机制，实现食品安全实时处理，有利于提高工作效率。

3. 食品安全风险评估功能模块

食品安全风险评估子系统功能模块根据"早预防、早发现、早跟踪、早控制"的原则，通过风险信息收集、监测、分析和预警，找出食品安全潜在隐患，测算评估风险等级，提醒相关部门采取针对性防控措施，以提高食品安全监管工作的预见性、科学性和有效性。风险评估模型基本结构如图 5-9。

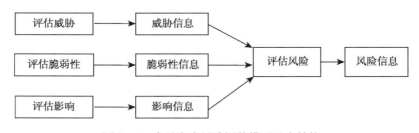

图 5-9 食品安全风险评估模型基本结构

4. 食品安全经营诚信管理功能模块

国家卫生部 2008 年颁布的《食品安全信用体系基本框架》将食品安全经营信用从高到低划分为 A、B、C、D 四个等级。管理系统根据信用等级状况自动匹配相关部门对食品生产经营者实行分级监管。食品安全经营诚信管理系统分为基础信息管理、食品企业守信情况管理、食品企业失信情况管理、食品安全信用等级管理四个部分。食品安全监管部门根据食品生产经营者有关食品安全方面失信和守信情况，对该企业信用等级进行客观评定。经系统授权的部门或个人可以对相关信息进行查询，也可通过与信息发布系统连接，及时对外发布食品诚信信息，从而实现对食品生产经营者的诚信管理。

5. 食品安全智能统计分析功能模块

智能统计分析是食品安全网格化管理信息系统的一项基本功能，能为各类用户提供决策支持信息。智能统计分析的主要功能在于数据挖掘、加工和展现，具体包括数据统计、报表制作、在线分析（OLAP）、即席查询等完整的 BI 功能。比如风险评估系统、协调指挥系统等对数据进行处理以后，智能统计分析系统能够以图表的形式对结果进行展现，以此作为决策部门制定政策制度的参考依据。

第六章

协同与保障：食品安全网格化
社会共治的运行机制

食品安全问题网格化社会共治模式是一个综合管理运行体系，由政府宏观决策引导，相关部门联合推动，多元社会主体共同参与，基层网格具体执行的高度联合体。这个体系的有效运行有赖于建立各参与方一致认可的协同合作与保障长效机制。

第一节　食品安全问题网格化社会共治的协同机制

一、合理的利益关联与耦合机制

食品安全作为一种典型的公共物品，承载着全体社会公众对安全与健康的共同利益。食品安全问题的治理则作为一种公共政策，其实质是为了实现这一公共利益的价值追求。所以，为了最大限度地满足公众需求，实现社会利益分配公平和社会正义，应构建食品安全社会共治的利益关联与耦合机制，在利益交换、分配过程中，通过协商合作形成共识，从而达到利益平衡状态，激发保护各利益相关者维护食品安全的主体性和能动性，形成有效的食品安全社会共治治理体系。

合理的利益机制是食品安全社会共治的内在诱因。第一，从政府来看，政府作为食品安全社会共治的掌舵者，从食品安全治理获得的是公信力，但政府失灵的存在使某些官员的行为左右了政府的行为，政府官员对个人利益的追求可能阻断政府对公信力的追求。第二，从非政府组织来看，独立、客观、公正是非政府组织生命力的源泉，从食品安全治理中获得的是公益价值，但同样会受到个人利益的影响而使这种追求减弱。第三，从消费者来看，从食品安全治理获得的是直接利益，包括健康、财产、尊严等，这种直接利益会促使消费者全力投入食品安全治理，但受制于高昂的维权成本，消费者有时也会怠于维权。第四，从公众来看，从食品安全治理中获得的是间接利益，主要是潜在损失和伤害，但这种潜在损失和伤害不一定被所有公众认知，在"事不关己"思想引导下可能对食品安全违法行为视而不见。第五，从企业来看，食品企业在食品安全治理中获得的是信誉、责任、长期利益，但在自律较差的情况下，机会主义和短期利益可能使企业丧失对长期利益的追求。而对于供应链上的其他企业，如果没有利益联系，对彼此的监督很难实现。

因此，要实现食品安全社会共治，就要利用利益机制对多元主体进行引导，促使其共同参与。合理的利益关系主要包括三个字："有""无"和"设"。首先，"有"指的是食品供给者之间有利益联系。食品供给者主要是食品供应链上的多个生产者、销售者、经营者以及代理人，供给者如果能成为利益共同体，会出现"一荣俱荣、一损俱损"的状况，会相互促进、相互监督，共同构建安全的食品产业链。其次，"无"指的是政府、非政府组织与食品企业无经济利益联系。这样能有效制止权力"寻租"，促使其对公信力和公益价值的追求，有效发挥政府的宏观管理和执法功能，发挥非政府组织客观、公正的检测认证功能。最后，"设"指的是设立利益联系，对于公众举报、食品企业自律、政府监管投入等设立利益供给，可以是物质方面，也可以是精神方面。

二、高效的协同与合作机制

1. 协同监督机制

目前我国食品安全监管存在的监督制度只是针对某个主体而言，在食品安全多元主体协同监管机制中，各监管主体监督会受多方面因素影响，多元主体在提高协同监督能力的过程中存在诸多障碍，需要建立与完善监督制度，保障五个主体之间能够相互监督、优势互补以及功能耦合，顺利开展食品安全监管工作。从反面来看，食品安全各个监管主体若没有协同监督机制，会导致一系列问题出现。政府主导地位无法正常实现，出现"寻租"现象，内部部门面对食品安全问题时，掩盖事实真相，相互推诿扯皮。第三部门不能满足公众真正需求，从自身利益考虑，包庇企业生产过程中的违法现象。企业没有其他主体监督，自我监管更难以保证。新闻媒体为了追求收视率，夺取群众眼球，会夸大食品安全问题。公民参与监管无序，也会导致社会混乱。因此，应联合利用立法和司法监督、政府内部行政监督、企业自我监督、公众监督、舆论监督等手段，实现监管主体间互赢。通过在全国范围内建立"食品安全监察委员会"，从第三部门、政府、新闻媒体、企业以及关心食品安全问题的消费者中随机抽取成员作为监督员。目的在于使食品安全监管范围得到充分扩大，最终对广大受众负责。综上所述，建立主体间协同监督制度势在必行。

2. 沟通协调机制

完善沟通协调机制，使得协同监管更有保障。食品安全监管中沟通协调机制主要目的是使政府、企业、第三部门、消费者以及媒体五个主体之间在机制保护下，通过相关会议、协商、讨论、沟通、交流方式了解最新食品安全问题，共同探讨解决方案。因此，在建立沟通协调机制之前，应该充分认识到食品安全监管五个主体各自本身拥有的优势与不足，明确各主体之间的食品安全监管职责，整合五位主体执法力量与资源，尽量减少冲突。

具体可以从以下两个方面努力：第一，效仿美国与日本，建立专门协调沟通机构。美国"总统食品安全委员会"以及日本"内阁总理大臣食品安全委员会"的职责是在宏观上研究食品安全国家战略。若发现某个部门在处理食品安全问题时出现困难，协调沟通机构专门负责协调或仲裁。第二，以信息共享平台为依托进行协商。政府、企业、第三部门、消费者以及媒体五位一体在信息平台上，实现数据管理、档案管理、信用跟踪、风险评价和技术指导共享，责任与食品安全风险共担。

3. 协同激励约束机制

食品安全多元主体协同监管需要建立激励与约束机制，这样才能积极引导与激励监管主体，平衡主体自身私利与公共利益。本书提出协同激励约束机制是针对五个监管主体同时适用，为五个主体设立制度保障，奖励措施，为公民提供社会保障、社会扶助或救助，以及奖励措施，在一定程度上激发主体发挥自身优势。监管主体潜力无限，建立有效激励体制，实现监管主体功能耦合，食品安全多元主体协同监管能力不断得到提升，监管质量和效率也得到提高。以消费者为例，建立有奖举报制度，且是匿名举报制度，提高举报奖金比例。目前，提倡根据案件性质，确定举报人奖励金额，奖励金额从惩处违法企业罚款中提取，提取违规企业罚款的 3％～10％。不仅激励消费者，同样也约束企业减少违法行为，符合协同激励约束机制建设。

三、畅通的信息交流与传递机制

一个统一畅通的食品安全信息系统为实现食品安全社会共治提供了重要技术支撑。增加食品生产、流通、管理方面的透明度，减少信息不对称，就会减少消费者的劣势，发挥消费者选择机制，迫使食品供给者提供安全食品，也为食品安全监督者提供有效的介入渠道，畅通的信息系统是食品安全社会共治的支配力量。因此，我国应建立相关的食品安全治理信息共享与公开体系，减少信息不对称，减少市场失灵，消减食品安全治理过程中的不确定性，是食品安全治理的减熵机制。

在我国食品安全多元主体协同监管机制中，搭建信息共享平台，确保政府与其他四个主体之间有效协调与沟通，保证其他社会主体参与到食品安全监管中来。一方面，搭建信息平台参与方式。首先，积极采用现代高科技技术，包括条码技术、云计算技术以及溯源技术，搭建食品溯源管理平台以及五位主体于一体监管信息平台。在这个大的信息平台上，认证食品品牌真伪、过程追踪、溯源管理以及召回信息等都可以顺利进行。其次，网上监督平台建立。主要是给公众提供一个方便、迅捷的参与方式，五位监管主体通过互联网加强联系，及时反应食品安全问题，监督与评价监管主体行为。另一方面，网格化食品安全监管信息体系。通过食品安全全程追溯信息系统，公众可以了解在食品的种植、生产、加工、流通等全过程相关信息，以及政府部门有关食品安全认证、检测、检疫等权威信息，减少食品市场的信息不对称，通过信息公开有效阻止食品生产经营者可能实施的潜在不法行为，阻断不安全食品的传播。另外，通过建立街道社区基层食品安全网格化监管系统，实现食品安全管理信息资源共享，有效保证食品安全事故处理，为食品安全社会共治提供统一的信息平台。

食品安全多元主体协同监管信息共享机制的具体步骤：第一，提高第三部门地位，将其设为监管中心，一旦接收食品安全相关信息，发挥媒体作用，传递给消费者。第二，第三部门除接收消息外，还反馈信息，反馈给消费者以及企业，使得两者之间有效沟通。第三，注重公民建议，建立交流平台，包括座谈会以及听证会，方便公众积极加入，媒体与第三部门在这一步中可以共同实现。第四，制定食品安全信息披露制度。主要目的是规制企业公开食品信息行为，不能因为企业小，而忽视其应承担的职责，也不能因为企业大，享有特权。同时，利用第三部门积极保护劳动者权益，并及时公布信息，减少信息不对称。第五，完善追踪机制。一旦发生食品安全事件，食品安全信息系统履行职能，分析事件源头。由于系统依托互联网融合，因此能够快速追溯事件发生过程，整个溯源分析过程公开化，五个监管主体同时看到相关信息。相关主体紧密配合，政府接受第三部门传递的消息，立即建立反馈系统，负责对企业生产或监管信息处理。媒体快速报道相关信息，企业及时更新食品信息系统，包括食品从原材料到销售各个环节。第六，食品安全多元主体协同监管信息平台建成，要求五个监管主体相互配合。

第二节 食品安全问题网格化社会共治的保障机制

食品安全网格化社会共治模式是建立在部门业务流程改造、信息技术支持和治理体系机制变革基础之上的，模式体系运行不仅涉及诸多相关主体之间的协调与合作，还需要投入专门的人、财、物以及技术等多种保障资源，所以必须在政策、技术、人才、安全等方面建立长效机制才能确保体系稳定有效运行。

一、政策保障

食品安全网格化社会共治体系是一套复杂的公共服务与管理系统，履行的是公共服务与管理职能，谋求的是公共利益，其最重要的领导主体和运行主体是政府。从建设与运行来看，整个食品安全网格化管理系统是一项系统性工程，具有牵涉面广、难度较大、持续时间长的特点，要确保这一体制稳定、长效运行，必须由地方党委政府做好顶层设计，形成一整套关于食品安全网格化社会共治的政策体系。具体包括以下几个方面：

第一，机构政策体系。食品安全网格化社会共治系统的构建与实施涉及机构功能整合、人员聘用、硬件建设、经费投入和技术维护等多个方面，这些是维持整个体系运行的基础和条件，必须通过制度文件确保规范化管理和长期性投入，这不是某个单一行政部门所能调动和实现的，必须由政府出台宏观政策进行整体规划、统筹安排、统一部署、逐步实施、有序推进，才能保障这一工程产生实效，如《食品安全网格化管理实施办法》《食品安全网格化管理技术标准》《食品安全网格化管理人员聘用办法》《社区食品安全网格管理员工作职责》《食品安全网格化管理信息系统建设与维护管理办法》等。

第二，正因为系统牵涉到众多部门和人员的职权与利益，所以存在较大的执行难度。食品安全网格化管理模式虽然提倡社会个人与组织的参与，但其组织结构的主体仍然是政府职能部门，尽管在这个模式体系中不涉及新的行政部门的增减，但新的业务流程运行中涉及与食品安全相关的职能部门之间调整与合作，这会在一定程度上影响职能部门的权力格局。因此必须建立统一的领导组织机构，借用政府的决策力量来推动与保障。所以，制定出台了《食品安全网格化管理工作领导组织机构》《食品安全网格化社会共治协调处理机制》。

第三，社会协同政策。食品安全问题治理是一个长期工程，其管理效益也必须通过长期、细致和复杂的基础工作才能显现，如果没有宏观政策进行指导和规范就不能保证系统运行的长效性，以致于整个管理流于形式而最终废止。所以，通过政策规划是保障食品安全网格化管理体系运行的基本前提。

二、人员保障

食品安全网格化社会共治模式实施的基础是分布在地理空间上的若干监管网格。在各个食品安全监管网格中活跃着大量网格管理员，他们在各个食品生产经营场所进行安全巡查和问题处置，承担着发现问题、传递信息的重要职能。网格管理员队伍的素质能力和工作效率直接影响到食品安全监管的效果。因此，必须建立一支综合素质较高、结构合理、发展稳定的食品安全网格监管队伍。

1. 网格管理员的构成

网格管理人员可以分为两种类型。一是从网格所在城乡街道、社区抽调部分工作人员专职负责食品安全管理。他们是网格中的核心人员和重要业务主体，主要负责食品安全网格系统管理，对外巡人员采集的信息进行分类整理与传递，与其他业务部门衔接沟通。二是向社会公开招聘网格监管员。对外招聘人员要通过地方人力资源和社会保障部门向社会发布公开招聘公告，并进行统一考试和筛选，以确保其具备开展业务工作所需的基本素质与能力。对经考试合格录用的网格管理员予以统一鉴定劳动聘用合同，并明确其基本权利和义务，确保人员构成的稳定性。

2. 网格管理员的队伍管理

为了保障网格管理队伍的稳定性与工作效率，必须要对网格管理员进行规范管理。其一，网格管理员在正式上岗之前，相关部门要对其进行专门的业务培训，培训内容包括网格化信息系统的使用，食品安全问题的甄别与归类定性，食品安全事件的现场处理以及人际沟通技巧等。其二，对网格管理员进行与食品安全有关的专业知识培训，要使其熟悉食品安全相关的生物化学、医学健康等方面的数据和知识，能够从包装、外形、颜色、气味等方面进行基本鉴别，能够为生产经营者和消费者宣传讲解一些食品安全知识。当然，业务培训也是一个长期的过程，必须定期开展。其三，要对网格管理员的工作绩效进行监督考核，并将考核结果与合同续签及薪酬待遇进行挂钩。对于考核不合格的人员要及时清退，并增补新的人员，以确保管理员工作的高效与稳定性。

三、经费保障

为了保障食品安全网格化管理体系的稳定有序运行，政府必须确保充足稳定的经费投入，经费来源主要是地方财政安排年度专项预算。食品安全管理是属于纯公共性服务，管理部门不可能向社会公众收取任何费用，否则食品安全就难以保障。所以，食品安全网格管理系统的基层管理和维护所需经费必须通过政府财政预算来解决。

1. 人员经费

这主要是用于支付给基层网格管理员的劳务支出。由于网格管理员数量较大，特别是行政区域越大，单元网格数量越多，网格管理员人数就越多，与之相对应的人员经费负担就越重。但为了减轻财政负担，政府不可能对所有食品安全网格管理员都按照公务员编制进行聘用。为了保证网格管理队伍的工作积极性及稳定性，要确保网格管理员的薪酬待遇略高于本地工资平均水平。

2. 运行经费

食品安全网格化管理运行经费包括两个方面，一是分布在各城乡街道、社区的食品安全监管的单元网格建设经费，包括各食品安全网格化单元网格信息中心的基本设备设施建设，如办公场所、办公设备、电脑、交换机、资料库等；二是食品安全网格管理信息系统管理的硬件和软件的购置费用，其中包括食品安全网格化管理信息系统的采购、安装、调试以及日常维护等，均需要投入稳定充足的经费。

四、技术保障

食品安全网格化管理系统是建立在大量现代信息技术基础之上的，系统运行不仅需要充足的人员和设备，还需要强大的技术保障，包括系统的技术维护、数据库环境搭建、平台应用运行、数据库存储、网络设备环境等，才能保障整个系统的稳定高效运行。

1. 数据库运行

根据网格体系结构设计，整个行政辖区下多个层面的管理层级，比如，市—区—社区—网格，或者区—县（市）—乡镇—村（网格）。系统运行后每天会产生大量复杂的数据，包括网格管理员采集的数据和社会其他组织和个人传送过来的数据，以及系统根据需要将这些数据进行加工处理所形成的新数据。这些信息数据通过系统平台在各个职能部门之间传递交换，形成一个食品安全数据仓库。为保障食品安全管理信息系统高效、准确、安全运行，实现数据的存储、统计、筛选、提取、传递等功能，数据库运行需要一台高性能小型服务器来支撑。

2. 平台应用运行

从网格管理员到各个层级的职能部门以及综合协调部门，包括各级主管领导，整个系统拥有大量的管理者。这些管理者均需要在系统中进行任务接受、指令发送、信息查询以及其他任务处理等操作。为了保障系统处理信息的及时性以及实现各部门信息共享，系统设定每隔一定的时间进行自动数据更新与分类检索。此外，每当完成一次食品安全信息处理，系统也会对数据库进行自动更新检索，并进行分类统计。按照一个系统、统一规划的要求，整个网格管理行政区域只能同时用一套系统服务平台。为了保障整个系统的高效稳定运行，整个系统平台需要数量较多且性能较高的硬件设备，特别是服务器。包括用于平台应用及职能部门信息交换的应用服务器，用于外网信息采集与信息公开发布的 WEB 服务器，用于数据统计分析平台的统计分析服务器，还有用于短信业务管理的短信服务器。

3. 网络设备环境

为了保证食品安全网格信息平台安全高效地运转，还需要有完善的网格设备支撑，包括用于内外网络数据交换的核心交换机；专门用于内部网络数据交换的内网交换机；以及用户平台运行环境的负载均衡测试调控的负载均衡器。

五、安全保障

食品安全网格化管理模式与传统食品安全管理的最大区别，在于食品安全风格化管理模式是建立在现代信息技术基础之上。可以说，离开了信息技术的支撑，网格化管理就无法实现。这种管理模式在给食品安全治理带来便捷高效的同时却存在一个重大的问题，即安全隐患。因为，依据这套管理系统，食品安全管理的所有信息都是以电子化的形式存在，一旦出现安全问题，极有可能造成信息丢失甚至系统瘫痪的危险。所以，做好安全建设是另一重要的保障措施。

1. 设备环境安全

环境安全主要是包括中心机房的环境，包括机房温度要控制在10～30℃，相对湿度控制在20％～80％，要保持机房通风、避雨和避免阳光直射。中心机柜要与系统保护进行良好连接。中心服务器的供电系统要保持持续不间断供电，使用UPS供电系统。

2. 网络系统安全

网络信息系统安全包括以下几个方面：网络隔离与访问控制，即通过特定网段与服务进行物理隔离，通过设置访问控制将攻击阻止在网络服务边界之外。通过对网络和系统安全漏洞检查，发现并及时堵塞漏洞。建立网络入侵检测与响应体系，及时发现并处理不明或者恶意网络攻击行为。对保密或敏感信息进行加密处理，以防止数据丢失或窃失。对重要信息建立备份和恢复机制，以防数据损失。

参考文献

[1] 江西口蹄疫病死猪流入 7 省市［EB/OL］.［2014－12－17］. http：// news. qq. com/a/20141227/018269. htm.

[2] 内斯特尔. 食品安全［M］. 程池，黄宇彤. 译. 北京：社会科学文献出版社，2004：110.

[3] 颜海娜. 食品安全监管部门间关系研究：交易费用理论的视角［M］. 北京：社会科学文献出版社，2010：2－4.

[4] CASWELL J A, MOJDUSZKA E M. Using informational labeling to influence the market for quality in food products［J］. American Journal of Agricultural Economics，1996，78（5）：1248－1253.

[5] HIRSCHAUER N, MUSSHOFF O. A game-theoretic approach to behavioral food risks：The case of grain producers［J］. Food Policy, 2007, 32（2）：246－265.

[6] ORTEGA D L, WANG H H, WU L, et al. Modeling heterogeneity in consumer preferences for select food safety attributes in China［J］. Food Policy, 2011, 36 （2）：318－324.

[7] GIORGI L, LINDNER L F. The contemporary governance of food safety：taking stock and looking ahead［J］. Quality Assurance and Safety of Crops & Foods, 2009, 1（1）：36－49.

[8] MILJKOVIC D, NGANJE W, ONYANGO B. Offsetting behavior and the benefits of food safety regulation［J］. Journal of food safety, 2009, 29（1）：49－58.

[9] ZWART A C, MOLLENKOPF D A, TRIENEKENS J H, et al. Consumers' assessment of risk in food consumption：implications for supply chain strategies ［C］//Chain management in agribusiness and the food industry. Proceedings of the Fourth International Conference Wageningen, 25－26 May 2000. Wageningen Pers, 2000：369－377.

[10] SWEENEY M J, WHITE S, DOBSON A D W. Mycotoxins in agriculture and

food safety [J]. Irish Journal of Agricultural and Food Research, 2000: 235-244.

[11] GREGORY P J, INGRAM J S I. Global change and food and forest production: future scientific challenges [J]. Agriculture, ecosystems & environment, 2000, 82 (1): 3-14.

[12] ROBERTS T, BUZBY J C, OLLINGER M. Using benefit and cost information to evaluate a foodsafetyregulation: HACCP for meat and poultry [J]. American Journal of Agricultural Economics, 1996, 78 (5): 1297-1301.

[13] OLLINGER M, MOORE D. The direct and indirect costs of food-safety regulation [J]. Applied Economic Perspectives and Policy, 2009, 31 (2): 247-265.

[14] ANDERS S M, CASWELL J A. Standards as barriers versus standards as catalysts: Assessing the impact of HACCP implementation on US seafood imports [J]. American Journal of Agricultural Economics, 2009, 91 (2): 310-321.

[15] HENNESSY D A, ROOSEN J, MIRANOWSKI J A. Leadership and the provision of safe food [J]. American Journal of Agricultural Economics, 2001, 83 (4): 862-874.

[16] SOUZA - MONTEIRO D M, CASWELL J A. The Economics of Voluntary Traceability in Multi - Ingredient Food Chains [J]. Agribusiness, 2010, 26 (1): 122-142.

[17] RESENDE-FILHO M A, HURLEY T M. Information asymmetry and traceability incentives for food safety [J]. International Journal of Production Economics, 2012, 139 (2): 596-603.

[18] BESKE P, LAND A, SEURING S. Sustainable supply chain management practices and dynamic capabilities in the food industry: A critical analysis of the literature [J]. International Journal of Production Economics, 2014, 152: 131-143.

[19] MAHON D, COWAN C. Irish consumers' perception of food safety risk in minced beef [J]. British food journal, 2004, 106 (4): 301-312.

[20] MITCHELL V W, GREATOREX M. Risk reducing strategies used in the purchase of wine in the UK [J]. International Journal of Wine Marketing, 1989, 1 (2): 31-46.

[21] HORNIBROOK S A, MCCARTHY M, FEARNE A. Consumers' perception of risk: the case of beef purchases in Irish supermarkets [J]. International Journal

of Retail & Distribution Management，2005，33（10）：701－715.

[22] RENN O. Risk perception and communication：lessons for the food and food packaging industry［J］. Food additives and contaminants，2005，22（10）：1061－1071.

[23] SHAVELL S. The optimal use of nonmonetary sanctions as a deterrent［J］. The American Economic Review，1987：584－592.

[24] TOMPKIN R B. Interactions between government and industry food safety activities［J］. Food Control，2001，12（4）：203－207.

[25] SWINNEN J F M. Transition and Integration in Europe：Implications for agricultural and food markets，policy，and trade agreements［J］. The World Economy，2002，25（4）：481－501.

[26] ANNANDALE D，MORRISON－SAUNDERS A，BOUMA G. The impact of voluntary environmental protection instruments on company environmental performance［J］. Business strategy and the environment，2004，13（1）：1－12.

[27] YAPP C，FAIRMAN R. Factor's affecting food safety compliance within small and medium-sized enterprises：implications for regulatory and enforcement strategies［J］. Food Control，2006，17（1）：42－51.

[28] 王靖，马淑芳. 我国食品安全标准体系存在的问题及法制路径［J］. 青海社会科学，2011（6）：102－105.

[29] 刘任重. 食品安全规制的重复博弈分析［J］. 中国软科学，2011（9）：167－171.

[30] 刘焯. 论食品安全管理法治化［J］. 法学，2012（8）：104－110.

[31] 于杨曜. 论食品安全消费警示行为的法律性质及其规制：兼论《食品安全法》第八十二条之法理解析［J］. 学海，2012（1）：202－207.

[32] 张婷婷，张学林. 食品安全规制的博弈分析［J］. 粮食科技与经济，2013，38（2）：9－11.

[33] 戚建刚. 食品安全风险属性的双重性及对监管法制改革之寓意［J］. 中外法学，2014（1）：5.

[34] 王虎，李长健. 主流范式的危机：我国食品安全治理模式的反思与重整［J］. 华南农业大学学报（社会科学版），2008（4）：132－140.

[35] 谭德凡. 我国食品安全监管模式的反思与重构［J］. 湘潭大学学报（哲学社会科学版），2011（3）：77－79.

[36] 张肇中，张红凤. 中国食品安全规制体制的大部制改革探索：基于多任务委托代理模型的理论分析［J］. 学习与探索，2014（3）：114－117.

[37] 韩丹．食品安全治理的"第三条道路"：日本生协个案分析及其启示 [J]．东北亚论坛，2013 (5)：10.

[38] 陈彦丽，曲振涛．食品安全治理协同机制的构成及效应分析 [J]．学习与探索，2014 (7)：125 - 128.

[39] 张志勋，叶萍．论我国食品安全的整体性治理 [J]．江西社会科学，2013 (10)：29.

[40] 王小强，黎渊，杨子煜．我国食品卫生安全风险评估模型 [J]．数学的实践与认识，2008 (14)：43 - 49.

[41] 黄晓娟，刘北林．食品安全风险预警指标体系设计研究 [J]．哈尔滨商业大学学报（自然科学版），2008，24 (5)：621 - 623.

[42] 薛茂云．新形势下我国食品安全风险防范机制探析 [J]．华东经济管理，2010 (12)：66 - 68.

[43] 袁宗辉．我国应重视食品安全风险分析 [J]．华中农业大学学报（社会科学版），2010 (3)：8 - 12.

[44] 王传干．从"危害治理"到"风险预防"：由预防原则的嬗变检视我国食品安全管理 [J]．华中科技大学学报（社会科学版），2012，26 (4)：59 - 67.

[45] 王小龙．论我国食品安全法中风险管理制度的完善 [J]．暨南学报（哲学社会科学版），2013 (2)：32 - 38.

[46] 张红霞，安玉发，张文胜．我国食品安全风险识别，评估与管理：基于食品安全事件的实证分析 [J]．经济问题探索，2013 (6)：135 - 141.

[47] 杨光飞，梅锦萍．市场转型与经济伦理重塑 [J]．伦理学研究，2011 (6)：20 - 24.

[48] 唐凯麟．食品安全伦理引论：现状、范围、任务与意义 [J]．伦理学研究，2012 (2)：115 - 119.

[49] 王伟．食品安全问题的道德反思 [J]．理论探索，2012 (6)：27 - 30.

[50] 韩作珍．我国食品安全问题的伦理反思 [J]．中州学刊，2013 (8)：106 - 110.

[51] 贾玉娇．对于食品安全问题的透视及反思：风险社会视角下的社会学思考 [J]．兰州学刊，2008 (4)：102 - 106.

[52] 卢文娟．食品安全信息传播的被动根源与主动策略 [J]．声屏世界，2011 (8)：10 - 12.

[53] 李景山，张海伦．经济利益角逐下的社会失范现象：从社会学视角透视食品安全问题 [J]．科学·经济·社会，2012 (2)：98 - 101.

[54] 贝克尔．现代社会研究方法 [M]．许真，译．上海：上海人民出版社，1986：89 - 90.

［55］朱力，肖萍，等．社会学原理［M］．北京：社会科学文献出版社，2003：307－309.

［56］同［55］.

［57］冯慧阳．基于第六次人普数据谈中国人口老龄化新变化［J］．商业文化，2011（8）：139.

［58］2013年全国给予党纪政纪处分人数比2012年增13.3％［EB/OL］．［2014－01－10］．http：//news.china.com.cn/txt/2014－01/10/content＿31149235.htm.

［59］全国五大城市民意调查：中国百姓看食品安全［EB/OL］．［2007－01－03］．http：//www.360doc.com/content/07/0103/00/6346＿316688.shtml.

［60］米尔斯．社会学的想象力［M］．陈强，张永强，译．北京：生活·读书·新知三联书店，2001：6－7.

［61］迪尔凯姆．社会学研究方法论［M］．胡伟，译．北京：华夏出版社，1988：9.

［62］袁文艺．食品安全管制的模式转型与政策取向［J］．财经问题研究，2011（7）：26－31.

［63］郑风田．食品安全：仅有政府是不够的［J］．农村经济，2012（9）：3－7.

［64］TOMPKIN R B. Interactions between government and industry food safety activities［J］．Food Control，2001（12）：203－207.

［65］道格拉斯，瓦克斯勒．越轨社会学［M］．张宁，朱欣民，译．河北：河北人民出版社，1987：2.

［66］波普诺．社会学［M］．李强，等，译．北京：中国人民大学出版社，1999：212－213.

［67］同［65］：49－50.

［68］吉登斯．社会学［M］．赵旭东，齐心，等，译．北京：北京大学出版社，2003：258－259.

［69］同［65］：52－53.

［70］郑杭生．社会学概论新修［M］．北京：中国人民大学出版社，2003：414－415.

［71］吉登斯．社会学［M］．赵旭东，齐心，等，译．北京：北京大学出版社，2003：264－265.

［72］戴维．波普诺社会学［M］．李强，等，译．北京：中国人民大学出版社，1999：220－221.

［73］道格拉斯，瓦克斯勒．越轨社会学［M］．张宁，朱欣民，译．河北：河北人民出版社，1987：10.

［74］同［73］：12.

［75］世界卫生组织全球食品战略［EB/OL］. http：//www. who. int/publications/list/9241545747/zh/.

［76］中华人民共和国食品安全法［EB/OL］.［2009 - 02 - 28］. http：//www. gov. cn/flfg/2009 - 02/28/content＿1246367. htm.

［77］波普诺. 社会学［M］. 李强，等，译. 北京：中国人民大学出版社，1999（8）：444 - 445.

［78］吉登斯. 社会学［M］. 赵旭东，齐心，等，译. 北京：北京大学出版社，2003（12）：305.

［79］食源性疾病发病率呈上升态势［EB/OL］.［2008 - 11 - 24］. http：//cn. reuters. com/.

［80］毛牧青. 从"大头娃娃"到"三鹿奶粉"［EB/OL］.［2008 - 09 - 13］. http：//www. xinli110. com/mainsite/whsd/whtt/200809/112599. htm.

［81］掷出窗外：面对食品安全危机，你应有的态度［EB/OL］.［2012 - 05 - 14］. http：//www. zccw. info/.

［82］陈宇阳. 双汇发展："瘦肉精"事件导致公司3月营收减少13.4亿元［EB/OL］.［2011 - 04 - 18］. http：//www. yicai. com/news/2011/04/732102. html.

［83］同［82］.

［84］官员称中国食品安全问题不少滥用添加剂最突出［EB/OL］.［2011 - 05 - 06］. http：//www. ce. cn/cysc/sp/info/201105/06/t20110506＿20973840＿1. shtml.

［85］肖海霞. 食品安全对我国出口贸易的影响［J］. 山西财经大学学报，2012，5（2）：22.

［86］廖为建. 论政府形象的构成与传播［J］. 中国行政管理，2001（3）：35 - 36.

［87］河北对"三鹿奶粉事故"有关责任人做出组织处理［EB/OL］.［2008 - 09 - 17］. http：//news. 163. com/08/0917/01/4M0MMQTE0001124J. html.

［88］杨霄，李彬. 食品安全问题对中国国家形象的影响［J］. 现代国际关系，2010（6）：42 - 46.

［89］iPOLL Bank. Roper Center for Public Opinion Research. Conducted by Gallup Organization，September 24 - 27，2007 and based on telephone interviews with a national adult sample of 1006.［USGALLUP. 101807. R01A］&.［USGALLUP. 101807. R01H］.

［90］BARBOZA D. Customers Worldwide Pressing Beijing to Act after Tainted-Food Case［N］. New York Times，2007 - 05 - 18（1）.

［91］邓俊. 涂尔干社会整合理论在和谐社会建设中的应用［J］. 重庆三峡学院学

报，2010（6）：28-30.

[92] 李景山，张海伦．经济利益角逐下的社会失范现象：从社会学视角透视食品安全问题［J］．科学·经济·社会，2012（2）：98-100.

[93] 王靖，马淑芳．我国食品安全标准体系存在的问题及法制路径［J］．青海社会科学，2011（6）：102-105.

[94] 朱育菁，冒乃和，刘波．关于我国食品安全法律和标准的建设［J］．科技导报，2004（3）：54-55，27.

[95] 冀建云，吴迪．借鉴欧盟经验完善我国食品安全标准体系［J］．探求，2014（2）：47-51.

[96] 诺兰，等．伦理学与现实生活［M］．北京：华夏出版社，1988：89.

[97] 深圳沃尔玛"黑油事件"爆料员工：我要被赶走了［EB/OL］．［2014-08-09］．http：//news. ifeng. com/a/20140809/41509609 _ 0. shtml.

[98] 刘焯．论食品安全管理法治化［J］．法学，2012（8）：107.

[99] 罗天莹，卓彩琴．我国转型时期的社会失范与手段性越轨［J］．华南农业大学学报（社会科学版），2006（4）：84-87.

[100] 王常伟，顾海英．我国食品安全态势与政策启示［J］．社会科学，2013（7）：24-38.

[101] 郑杭生．社会学概论新修［M］．北京：中国人民大学出版社，2003（1）：363.

[102] 王传伟，秦少青，潘云峰．饮食文化与饮食安全［J］．畜牧兽医科技信息，2007（12）：123.

[103] 段艳红，等．食品添加剂与食品安全关系探讨［J］．安徽农业科学，2015，43（5）：238-240.

[104] 邱国东．对基于凉山州情贯彻实施《食品安全法》的思考［EB/OL］．凉山彝族自治州食品药品监督管理局网站，http：//www. scfda. gov. cn/directory/web/WS18/CL1142/41018. html.

[105] 柳建文．我国少数民族食品安全问题及其治理［J］．贵州社会科学，2013（9）：150-153.

[106] 高剑平，樊端成．论转轨变型时期的社会分化与社会整合［J］．西南民族大学学报，2004（1）：403-406.

[107] 杨嵘均．论中国食品安全问题的根源及其治理体系的再建构［J］．政治学研究，2012（5）：44-57.

[108] 宋强，耿弘．整体性治理中国食品安全监管体制的新走向［J］．贵州社会科学，2012（9）：87-90.

[109] PERRI 6. Holistic Government［M］．London：Demos，1997：169.

[110] 陈刚.食品安全中政府监管职能及其整体性治理［J］.云南财经大学学报，2012（5）：152-160.

[111] 张志勋，叶萍.论我国食品安全的整体性治理［J］.江西社会科学，2013（10）：157-161.

[112] 宋强，耿弘.整体性治理：中国食品安全监管体制的新走向［J］.贵州社会科学，2012（9）：86-90.

[113] 波普诺.社会学（上）［M］.北京：中国人民大学出版社，1999：208.

[114] 罗斯.社会控制［M］.秦志勇，等，译.华夏出版社，1989：9.

[115] 郑杭生.社会学概论新修［M］.3版.北京：中国人民大学出版社，2003（1）：401.

[116] 克里斯.社会控制［M］.纳雪沙.译.北京：电子工业出版社，2012（2）：22.

[117] POUND. In My Philosophy of Law［M］.纽约：美国西方出版公司，1941：209.

[118] 朱力.社会学原理［M］.北京：社会科学文献出版社，2003：278.

[119] 易粪相食：中国食品安全状况调查（2004—2011）［EB/OL］.［2013-08-09］. https://www.docin.com/p-2422424488.html.

[120] 王常伟，顾海英.我国食品安全态势与政策启示［J］.社会科学.2013（7）：26.

[121] 同［120］：27.

[122] 同［120］：28.

[123] 曾凡军.西方政府治理模式的系谱与趋向诠析［J］.学术论坛，2010（8）：44-47.

[124] 同［112］：87-90.

[125] 李亚男.我国网络媒体在食品安全事件中的报道框架研究：以三鹿奶粉事件为例［D］.安徽：华中科技大学，2010.

[126] 王宁.食品安全事件的媒体呈现：现状、问题及对策［J］.现代传播，2010（4）：32-35.

[127] 王国庆.媒体在食品安全问题上发挥舆论监督作用［EB/OL］.［2012-06-11］. http://news.163.com/12/0611/11/83NCO57K00014JB5.html.

[128] 王晓博，安洪武.我国食品安全治理工具多元化的探索［J］.预测，2012（3）：13-18.

[129] 参见：《中华人民共和国食品安全法》总则第八条。

[130] 消费者食品安全意识显著提高期待进一步加大监管惩戒力度［EB/OL］.［2019-09-04］. http://china.findlaw.cn/xfwq/xiaofeichangshi/cyjf/26071.html.

[131] 日本食品卫生协会主页 http：//www. n-shokuei. jp/.

[132] 参见：《食品安全法》第七条，第八条。

[133] 周善．从食品安全报道看媒体社会责任［J］．新闻实践，2007（5）：20－21.

[134] 刘建兰，张文麒．美国州议会立法程序［M］．北京：中国法制出版社，2005：136.

[135] 谭志哲．我国食品安全监管之公众参与：借鉴与创新［J］．湘潭大学学报，2012（5）：27－31.

[136] 罗斯．社会控制［M］．北京：华夏出版社，1989：313.

[137] 郑杭生．社会学概论新修［M］．北京：中国人民大学出版社，1996：439－442.

[138] 韩作珍．我国食品安全问题的伦理反思［J］．内蒙古社会科学，2013（9）：25－30.

[139] 侯振建．食品安全与食品伦理道德体系建设［J］．食品科学，2007（2）：375－378.

[140] 郑杭生，李强，李路路，等．当代中国社会结构和社会关系研究［J］．学海，2003（3）：194－195.

[141] 李培林．另一只看不见的手：社会结构转型［M］．北京：社会科学文献出版社，2005：89.

[142] 郭德宏．中国现代社会转型研究评述［J］．安徽史学，2003（2）：87－91.

[143] 吕敬美，韦岚．社会转型：现代化还是现代性—当代中国"社会转型"问题述评［J］．山西师大学报，2013（11）：23－35.

[144] 王帆宇．社会转型：结构性特征及其在当代中国的表现［J］．广东社会科学，2014（2）：200－201.

[145] 亨廷顿．变化社会中的政治秩序［M］．王冠华，等，译．北京：三联书店，1989：38.

[146] 阎志刚．社会转型、社会控制与行为失范型社会问题［J］．社会科学辑刊，1996（3）：31－35.

[147] 贺国锋．论嵌国社会转型期社会剧侧的转换［J］．特区理论与实践，1996（9）：43－45.

[148] 陆学艺．当代中国十大阶层［M］．北京：社会科学文献出版社，2002：4－10.

[149] 刘祖云．社会转型与社会分层［J］．社会科学研究，2002（6）：96－100.

[150] 田波澜．从社会学角度谈中国食品安全问题解决食品安全问题必须回到社会公正的原点［J］．新华月报，2011（18）：48－52.

[151] 胡光景．我国食品安全问题监管研究：基于地方保护主义视角［J］．管理学

家，2012（2）：39-50.

[152] 侯振建. 食品安全与食品伦理道德体系建设 [J]. 食品科学，2007（2）：375-378.

[153] 王伟. 食品安全伦理秩序的现代建构 [J]. 求实. 2012（11）：46-49.

[154] 原碧霞. 食品安全"城乡二元分割"谁之过？[J]. 半月谈，2011（8）：22.

[155] 内斯特尔. 食品安全 [M]. 程池，黄宇彤，译. 北京：社会科学文献出版社，2004.

[156] 冀玮，靳莉. "食品安全"的公共性分析 [J]. 工商行政管理，2009（23）：15-17.

[157] Samuelson P A. The Pure Theory of Public Expenditure [J]. The Review of Economics and Statistics，1954，36（4）：387-389.

[158] 布坎南. 自由、市场和国家 [M]. 平新乔，莫扶民，译. 上海：上海三联书店：1989.

[159] 吕方. 新公共性：食品安全作为一个社会学议题 [J]. 东北大学学报（社会科学版），2010，12（2）：141-145.

[160] 曼瑟尔，奥尔森. 集体行动的逻辑 [M]. 陈郁，郭宇峰，李崇新，译. 上海：上海人民出版社，1995.

[161] 吕普生. 政府主导型复合供给：纯公共物品供给模式的可行性选择 [J]. 南京社会科学，2013（3）：69-76.

[162] 吕达. 公共物品的私人供给机制及其政府行为分析 [J]. 云南行政学院学报，2005（1）：58-60.

[163] 袁文艺. 食品安全管制的模式转型与政策取向 [J]. 财经问题研究，2011（7）：26-31.

[164] FOSTER I，KESSELMAN C. The globus project：a status report [A]. Proc. IPPS/SPDP'98 Heterogeneous Computing Workshop [C]. 1998：4-18.

[165] 郑士源，徐辉，王浣尘. 网格及网格化管理综述 [J]. 系统工程，2005（3）：1-5.

[166] 龚键雅，杜道生，等. 当代地理信息技术 [M]. 北京：科学出版社，2004：163-179.

[167] 魏娜. 社区管理原理与案例 [M]. 北京：中国人民大学出版社，2013：60.

[168] 唐开文. 管好城市为人民.[EB/OL].[2005-05-21].http://news.sina.com.cn/c/2005-05-21/15535950731s.shtml.

[169] 竺乾威. 公共服务的流程再造：从"无缝隙政府"到"网格化管理"[J]. 公共行政评论，2012（2）：8-15.

[170] 孙建军，汪凌云，丁友良．从"管制"到"服务"：基层社会管理模式转型：基于舟山市"网格化管理、组团式服务"实践的分析 [J]．中共浙江省委党校学报，2010 (1)：116－118.

[171] 胡重明．再组织化与中国社会管理创新：以浙江舟山"网格化管理、组团式服务"为例 [J]．公共管理学报，2013 (1)：63－69.

[172] 田毅鹏．城市社会管理网格化模式的定位及其未来 [J]．学习与探索，2012 (2)：28.

[173] 樊博，郭琼．基于城市网格化信息共享的协同管理机制研究 [J]．情报杂志，2007 (12)：12－13.

后　记

　　即便是行文将止，但学海无涯，术无止境。本书对食品安全问题的探讨可以说仍只是窥豹一斑。随着人民群众追求高质量生活水平的意识不断增强，尤其是国家治理能力和现代化水平的不断提高，对一个有着悠久灿烂且丰富多样的饮食文化、人口众多且需求海量的中国而言，食品安全问题治理在一个相对较长的时期内仍然是我国一个重要的社会话题乃至政治议题。因此，对该问题的研究也必将不断走向深化与丰盈。

　　本书是在本人的博士论文基础上修改完善而成的。回想求学当年，曾秉持一颗拳拳之心四处奔突以求真知，以冀涤荡思想之混沌，开启觉察之顿悟。几经周折终而有幸进入中南大学公共卫生学院学习深造。殊不知，不登山，焉知天地之悠远；不入水，焉知海洋之深邃；不捧书，焉知学问之难艰。自跨入公卫学堂，却是踏上了一条跌撞坎坷的求学追问之路。

　　中南大学公共卫生学院虽地处省城中心城区，却偏安一隅，难得一份闹中求静。穿过摩肩接踵的喧嚣，于迂回曲折的巷道末端，矗立着一栋看似不起眼的旧楼。而正是在这座旧楼里却栖居着一群躬耕学术、追求卓越、严谨严苛、成绩斐然的专家学者。公共卫生学院院长肖水源教授曾叩桌警言："其他地方我不管，这个地方是要求最严格的地方。"可谓掷地有声，令人凛然。严谨之于学问是基石，之于学者是操守。严苛之于进步是动力，之于境界是灵魂。公卫毅然张扬这种治学育人之风气，不虚不妄，超凡脱俗，是大学之王道，也是一种难能可贵的精神传承。我亦谨记于胸。

由于本人学术研究偏文弱理，习惯于理论抽象与逻辑推导，而对数理统计与模型构建却盲目不通。虽曾尝试自学求解，也写成小文几篇，但终因不得要领而中途妥弃。也因此，让我在求学之路上踯躅前行，甚至几度放弃，能撑到如今算是幸莫大焉。求学之路，虽无大成，仍有体悟，点滴成长自然均得益于肖水源教授、谭红专教授、杨土保教授、徐慧兰教授、周亮教授等诸位师者的传道、授业与解惑，得益于其他老师同学的不吝赐教与热心帮助，在此一并深表谢忱！

最为感念的是导师邬力祥教授。邬老师是一位温良恭让、慈仁宽厚的长者和学者。他总是让人在一种如沐春风般的悦然中接受教导。在我的论文创作过程中，无论选题立意、谋篇布局、遣词造句、版面格式无不渗透着老师的巧思与慧智。正是在这样诲人不倦的鼓励、提点与引领下，拙文才得以最终成型。这样的治学风范与育人精神无不令学生心存敬畏，也是传承给学生最宝贵的财富。如此等等，如涓流入泥，润物无声，催人奋进。而感谢一词却无法承受如此绵长厚重之深情，唯有恪守师训，继续前行……

另外，学术研究需集中时间和精力进行专注思考，多方查找文献，反复推敲，方可涓滴成流。这一过程又难免为工作与生活琐事所羁绊和搅乱。所幸，我的妻子刘翠芳女士承担了很多家务，儿子曾子谦乖巧懂事，使我能在工作之余心无旁骛，专心研究写作。在此特别感谢亲人的无私付出和默默支持！感谢中国农业出版社编辑张丽女士为本书的付梓付出的辛勤劳动！

感谢湖南文理学院科研院、湖南文理学院经济与管理学院对本书出版的资助！

是为后记。

曾望军

2021 年 6 月于白马湖畔

图书在版编目（CIP）数据

社会转型期我国食品安全问题网格化社会共治研究 /
曾望军著. —北京：中国农业出版社，2021.8
　ISBN 978-7-109-28667-2

　Ⅰ.①社…　Ⅱ.①曾…　Ⅲ.①食品安全—监管机制—
研究—中国　Ⅳ.①TS201.6

中国版本图书馆 CIP 数据核字（2021）第 159904 号

中国农业出版社出版

地址：北京市朝阳区麦子店街 18 号楼
邮编：100125
责任编辑：张　丽
版式设计：王　晨　　责任校对：刘丽香
印刷：北京大汉方圆数字文化传媒有限公司
版次：2021 年 8 月第 1 版
印次：2021 年 8 月北京第 1 次印刷
发行：新华书店北京发行所
开本：700mm×1000mm　1/16
印张：10.5
字数：160 千字
定价：55.00 元